程序设计基础（C语言）实践教程

主　编　雷莉霞　刘媛媛　刘美香
副主编　甘　岚　胡　平

西南交通大学出版社
·成都·

图书在版编目（ＣＩＰ）数据

程序设计基础（Ｃ语言）实践教程／雷莉霞，刘媛媛，刘美香主编. —成都：西南交通大学出版社，2023.1

ISBN 978-7-5643-9164-5

Ⅰ．①程… Ⅱ．①雷… ②刘… ③刘… Ⅲ．①C语言–程序设计–高等学校–教材 Ⅳ．①TP312.8

中国国家版本馆 CIP 数据核字（2023）第 009730 号

Chengxu Sheji Jichu (C Yuyan) Shijian Jiaocheng

程序设计基础（Ｃ语言）实践教程

主编　雷莉霞　刘媛媛　刘美香

责 任 编 辑	黄淑文	
封 面 设 计	原谋书装	
出 版 发 行	西南交通大学出版社 （四川省成都市金牛区二环路北一段 111 号 西南交通大学创新大厦 21 楼）	
发 行 部 电 话	028-87600564　028-87600533	
邮 政 编 码	610031	
网　　　址	http://www.xnjdcbs.com	
印　　　刷	成都蜀通印务有限责任公司	
成 品 尺 寸	185 mm × 260 mm	
印　　　张	12.5	
字　　　数	311 千	
版　　　次	2023 年 1 月第 1 版	
印　　　次	2023 年 1 月第 1 次	
书　　　号	ISBN 978-7-5643-9164-5	
定　　　价	39.00 元	

前　言

C 语言程序设计是计算机专业及理工类各专业重要的基础课程之一，理论联系实际是该课程的主要特点，怎样将理论知识应用于解决实际问题是学好这门课程的重点和难点。为适应我国计算机技术的应用和发展，以培养学生解决问题的能力为目的，作者根据多年的实践教学经验，编写了本书。

本书是《程序设计基础（C 语言）教程》配套的实验教材，由于 C 语言程序设计是实践性很强的课程，因此，书中以案例分析为主，通过实际案例来讲解实例的设计步骤及解题方法，力图以案例驱动的方式引导学生学习程序设计的方法。本书对每个实验都给出了完整的实验过程，并提供了完整的程序代码，希望通过本书，帮助学生掌握 C 语言程序设计的方法，提高 C 语言程序开发的能力。

本书共 10 章，由雷莉霞、刘媛媛、刘美香担任主编，甘岚、胡平担任副主编。具体编写分工如下：第 1 章和第 3 章由甘岚编写，第 2 章、第 7 章以及附录由刘媛媛编写，第 4、5 章由胡平编写，第 6 章和 8 章由雷莉霞编写，第 9 和 10 章由刘美香编写。雷莉霞负责本书的最终统稿。在制订编写大纲及编写书稿过程中，华东交通大学信息工程学院始终给予编者关心和支持，计算机基础教学部的熊李艳、吴昊、丁振凡、宋岚、周美玲、李明翠、张月园给了编者人力帮助，在此表示由衷感谢。

本书除配套教材外，还有电子教案、习题答案等相关教学资源。

由于编者水平有限，编写时间仓促，书中难免有欠妥之处，恳请广大读者提出宝贵意见。

编　者
2022 年 12 月

目　　录

第 1 章　C 语言程序设计概述

1.1　知识介绍

（1）程序设计语言按照其与计算机硬件的联系程度分为三类，即机器语言、汇编语言和高级语言。前两类依赖于计算机硬件，有时统称为低级语言，而高级语言与计算机硬件关系较小。

（2）按照结构化程序设计的观点，任何算法功能都可以通过由程序模块组成的三种基本结构（顺序结构、选择结构和循环结构）的组合组成。

（3）面向对象的特点是：抽象、继承、封装、多态。

（4）编译程序的工作过程一般也可以划分为五个阶段：词法分析，语法分析，语义分析，中间代码生成、优化与目标代码生成。

（5）运行一个 C 源程序，需要如下几个步骤：输入编辑源程序→编译源程序→链接库函数→运行目标程序。

（6）C 程序的集成开发工具基本特点：符合标准 C，各系统具有一些扩充内容，能开发 C 语言程序。

1.2　VC++2010 介绍

Microsoft Visual C++ 2010（VC++2010）是微软公司的 C++开发工具，具有集成开发环境，可提供 C 语言、C++以及 C++/CLI 等编程语言。

1.2.1　编制并运行一个简单程序

1. 编制并运行程序的"四步曲"

让我们先用 VC++2010 来编制一个最简单的程序，并让它运行（执行）而得出结果，以此来作为了解 VC++2010 的开端。这个程序的功能仅仅是向屏幕上输出一个字符串"Hello World"。程序虽小，但与编制运行大程序的整个过程是相同的，都包含着如下所谓的"四步曲"：

（1）编辑（把程序代码输入，交给计算机）。

（2）编译（转成目标程序文件.obj）。编译就是把高级语言变成计算机可以识别的二进制语言。因为计算机只认识 1 和 0，所以编译程序把人们熟悉的语言换成计算机能识别的二进制语言。编译程序把一个源程序翻译成目标程序的工作过程分为五个阶段：词法分析，语法分析，语义检查，中间代码生成，代码优化，目标代码生成。其中，主要是进行词法分析和语法分析，又称为源程序分析，分析过程中发现有语法错误，给出提示信息。

（3）链接（转成可执行程序文件.exe）。链接是将编译产生的.obj 文件和系统库链接装配成一个可以执行的程序文件。由于在实际操作中可以直接点击 Build 从源程序产生可执行程序，可能有人就会质疑：为何要将源程序翻译成可执行文件的过程分为编译和链接两个独立的步骤，不是多此一举吗？之所以这样做，主要是因为：在一个较大的复杂项目中，有很多人共同完成一个项目（每个人可能承担其中一部分模块），其中有的模块可能是用汇编语言写的，有的模块可能是用 VC 写的，有的模块可能是用 VB 写的，有的模块可能是购买的（不是源程序模块而是目标代码）或者是已有的标准库模块，因此，各类源程序都需要先各自编译成目标程序文件（二进制机器指令代码），再通过链接程序将这些目标程序文件连接装配成可执行文件。

（4）运行（可执行程序文件）。

上述四个步骤中，第一步的编辑工作最繁杂而又必须由程序员在计算机上细致地完成，其余几个步骤则相对简单，其中编译、链接这两个步骤可以通过"调试"→"生成解决方案"来完成，这一步主要检查程序在编译和链接上有没有出问题。如果想一步到位，可以通过"调试"→"启动调试"或者用快捷键 Ctrl+F5 直接由计算机完成后三步。

2. 工程（Project）以及工程工作区（Project Workspace）

在开始编程之前，必须先了解工程（Project，也称"项目"或"工程项目"）的概念。工程具有两种含义：一种是指最终生成的应用程序；另一种则是为了创建这个应用程序所需的全部文件的集合，包括各种源程序、资源文件和文档等。绝大多数较新的开发工具都利用工程来对软件开发过程进行管理。

用 VC++2010 编写并处理的任何程序都与工程有关（都要创建一个与其相关的工程），而每一个工程又总与一个工程工作区相关联。工作区是对工程概念的扩展。一个工程的目标是生成一个应用程序，但很多大型软件往往需要同时开发数个应用程序，VC 开发环境允许用户在一个工作区内添加数个工程，其中有一个是活动的（缺省的），每个工程都可以独立进行编译、链接和调试。

实际上，VC++2010 是通过工程工作区来组织工程及其各相关元素的，就好像是一个工作间（对应于一个独立的文件夹，或称子目录），以后程序所牵扯的所有的文件、资源等元素都将放入这一工作间中，从而使得各个工程之间互不干扰，使编程工作更有条理，更具模块化。最简单情况下，一个工作区中用来存放一个工程，代表着某一个要进行处理的程序（我们先学习这种用法）。但如果需要，一个工作区中也可以存放多个工程，其中可以包含该工程的子工程或者与其有依赖关系的其他工程。

可以看出，工程工作区就像是一个"容器"，由它来"盛放"相关工程的所有有关信息。当创建新工程时，同时要创建这样一个工程工作区，而后则通过该工作区窗口来观察与存取此工程的各种元素及其有关信息。创建工程工作区之后，系统将创建出一个相应的工作区文件（.dsw），用来存放与该工作区相关的信息；另外还将创建出其他几个相关文件，如工程文件（.dsp）以及选择信息文件（.opt）等。

编制并处理 C++程序时要创建工程，VC++2010 已经预先为用户准备好了近２０种不同的工程类型以供选择，选定不同的类型意味着让 VC++2010 系统帮着提前做某些不同的准备以及初始化工作（例如，事先为用户自动生成一个所谓的底层程序框架或称框架程序，并进行某些隐含设置，如隐含位置、预定义常量、输出结果类型等）。在工程类型中，有一个为"Win32 Console Application"，它是我们首先要掌握的，是用来编制运行 C++程序方法中最简单的一种。此种类型的程序运行时，将出现并使用一个类似于 DOS 的窗口，并提供对字符模式的各种处理与支持。实际上，它提供的只是具有严格的采用光标而不是鼠标移动的界面。此种类型的工程小巧而简单，但已足以解决并支持本课程中涉及的所有编程内容与技术，使我们把重点放在程序的编制而并非界面处理等方面。至于 VC++2010 支持的其他工程类型（其中有许多还将涉及 Windows 或其他的编程技术与知识），有待在今后的不断学习中来逐渐了解、掌握与使用。

3. 创建工程并输入源程序代码

为了把程序代码输入给计算机，需要使用 VC++2010 的编辑器。如前所述，首先要创建工程（项目）以及工程（项目）工作区，而后才能输入具体程序完成所谓的"编辑"工作（注意，该步工作在四步骤中最繁杂、而又必须由程序员细致地来完成）。打开 VC++2010，可以直接点击新建项目或者点击左上角文件->新建->项目。

（1）新建一 Win32 Console Application 工程。

选择菜单 File 下的 New 项，会出现一个选择界面，在属性页中选择 Projects 标签后，会看到近 20 种的工程类型，我们只需选择其中最简单的 "Win32Console Application"，而后往下面的 "Location" 文本框和 "Project name" 文本框中填入工程相关信息所存放的磁盘位置（目录或文件夹位置）以及工程的名字即可，如图 1-1 所示。

图 1-1　新建一个名为 Sample 的工程（同时自动创建一工作区）

　　在图 1-1 中，"位置（L）"文本框中填入 "D：\VC2010 代码\"，这表示准备在 D 磁盘的 \VC2010 代码\文件夹即子目录下存放与工程工作区相关的所有文件及其相关信息。当然也可以通过点击其右部的 "…" 按钮去选择并指定这一文件夹即子目录的位置。"名称（N）"文本框中填入如 "Sample" 的工程名（注意，名字一般根据工程性质确定，此时 VC++2010 会自动在其下的 Location 文本框中用该工程名 "Sample" 为你建立一个同名子目录，随后的工程文件以及其他相关文件都将存放在这个目录下）。

　　选择 "确定" 按钮进入下一个选择界面，再点击 "下一步" 进入一个新的界面。这个界面主要是询问用户想要构成一个什么类型的工程，如图 1-2 所示。

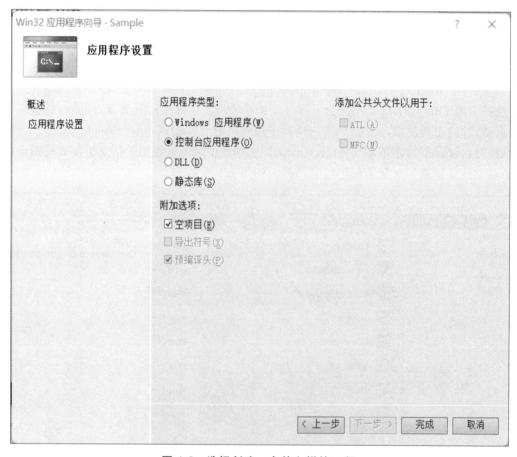

图 1-2　选择创建一个什么样的工程

　　在 "应用程序类型" 中选择 "控制台应用程序"，在 "附加选项" 中若选择 "空项目" 项，将生成一个空的工程，工程内不包括任何东西。若选择 "预编译头" 项，将生成包含一些头文件的工程。为了更清楚地看到编程的各个环节，我们选择 "空项目" 项，从一个空的工程来开始我们的工作。单击 "完成" 按钮，这时 VC++2010 就为你创建了一个工程，界面如图 1-3 所示。

图 1-3　刚完成创建工程 Sample 的 VC++2010 集成开发环境窗口

（2）在工作区窗口中查看工程的逻辑架构。

注意图 1-3 所示屏幕中左边的"解决方案管理器"窗口，该窗口中有 4 个标签，第一个是"外部依赖项"，第二个是"头文件"，第三个是"源文件"，第四个是"资源文件"。"外部依赖项"中列出的是这个工程需要的外部文件，如果我们的程序不涉及外部文件，这个标签中现在就是空的。"头文件"文件夹中包含了工程中所有的头文件；"源文件"文件夹中包含了工程中所有的资源文件。所谓资源就是工程中所用到的位图、加速键等信息，在我们的编程中不会涉及这一部分内容。

逻辑文件夹是逻辑上的，它们只是在工程的配置文件中定义的，在磁盘上并没有物理地存在这 4 个文件夹。我们也可以删除自己不使用的逻辑文件夹，或者根据项目的需要，创建新的逻辑文件夹来组织工程文件。这 4 个逻辑文件夹是 VC++2010 预先定义的，就编写简单的单一源文件的 C 程序而言，只需要使用"源文件"一个文件夹就够了。

（3）在工程中新建 C 源程序文件并输入源程序代码。

下面该轮到生成一个"Hello.cpp"的源程序文件，而后通过编辑界面来输入所需的源程序代码。鼠标右击资源管理器中的"源文件"，然后点击"添加"，最后再点击"新建项"，在出现的对话框的 Files 标签（选项卡）中，选择"C++文件（.cpp）"项，在下方的名称文本框中为将要生成的文件取一个名字，我们取名为 Hello（其他遵照系统隐含设置，此时系统将使用 Hello.cpp 的文件来保存所键入的源程序），此时的界面如图 1-4 所示。

而后选择"添加"按钮，进入输入源程序的编辑窗口（注意所出现的呈现"闪烁"状态的输入位置光标），此时只需通过键盘输入所需要的源程序代码：

```c
#include <stdio.h>
void main()
{
    printf("Hello World!\n");
}
```

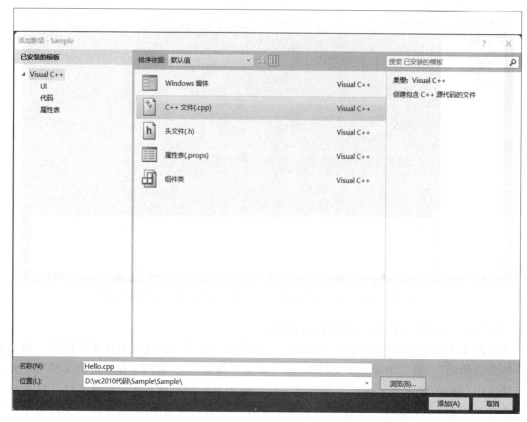

图 1-4   选择在工程 Sample 中新建一名为 Hello.cpp 的 C 源程序文件

可以通过"解决方案"资源管理器，看到源文件下的 Hello.cpp 已经被加了进去，此时的界面情况如图 1-5 所示。

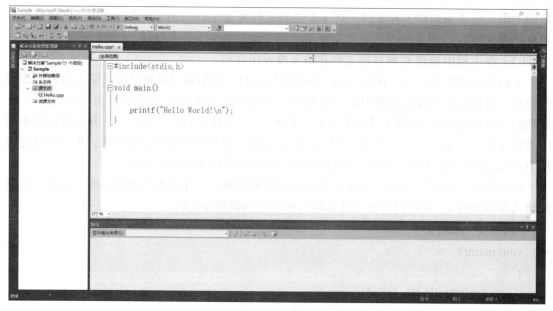

图 1-5   在 Hello.cpp 输入 C 源程序代码

4. 编译、链接而后运行程序

程序编制完成（即所谓"四步曲"中第一步的编辑工作得以完成）之后，就可以进行后三步的编译、链接与运行了。我们可以直接点击菜单栏中的"调试"，然后点击启动调试完成后三步。注意，在对程序进行编译、链接和运行前，最好先保存自己的工程（使用"文件->全部保存"菜单项）以避免程序运行时系统发生意外而使自己之前的工作付之东流，应让这种做法成为自己的习惯。

当我们点击启动调试后会发现输出窗口一闪而过，这个时候我们可以在 printf（"Hello World!\n"）的下面加一句"getchar();"注意不要忘记后面这个分号哦！加完之后再启动调试就会发现输出窗口停在屏幕上了，如图 1-6 所示。

图 1-6　程序 Hello.cpp 的运行结果界面

至此我们已经生成并运行（执行）了一个完整的程序，完成了一个"回合"的编程任务。

6. 及时备份自己的创作

（1）完全备份。对于刚才工作的工程 Sample 而言，只需将"D：\myData\VC++2010"下的文件夹 Sample 复制到 U 盘或打包成一个文件后放到自己的邮箱。需要在其他计算机上继续完成该工程时，将该文件夹复制到该计算机的硬盘上，进入 VC++2010，通过"文件→项目/解决方案"菜单项将该工程打开即可。

（2）只备份 C 源程序文件。对于刚才工作的工程 Sample 而言，工程非常简单，没有什么专门的设置，因此，仅备份其中的 C 源程序 Hello.cpp 就足矣。当需要在其他计算机上继续完成该程序时，只需将备份的程序复制到该计算机的硬盘上，进入 VC++2010，根据前面的讲述，新建一 Win32 Console Application（做到图 1-3 所示的界面），然后通过"Project→Add to Project→Files"菜单项将 Hello.cpp 添加到新建的工程中。

最简单的做法是：直接使用工具栏上的文件打开按钮"🗁"打开 Hello.cpp。

1.2.2　VC++2010 集成开发环境使用参考

1. VC++2010 的常用菜单命令项

（1）File 菜单。

New 命令：打开"new"对话框，以便创建新的文件、工程或工作区。

Close Workspace 命令：关闭与工作区相关的所有窗口。

Exit 命令：退出 VC++2010 环境，将提示保存窗口内容等。

（2）Edit 菜单。

Cut 命令：快捷键 Ctrl+X。将选定内容复制到剪贴板，然后再从当前活动窗口中删除所选内容。与"Paste"联合使用可以移动选定的内容。

Copy 命令：快捷键 Ctrl+C。将选定内容复制到剪贴板，但不从当前活动窗口中删除所选内容。与"Paste"联合使用可以复制选定的内容。

Paste 命令：快捷键 Ctrl+V。将剪贴板中的内容插入（粘贴）到当前鼠标指针所在的位置。注意，必须先使用 Cut 或 Copy 使剪贴板中具有准备粘贴的内容。

Find 命令：快捷键 Ctrl+F。在当前文件中查找指定的字符串。顺便指出，可按快捷键 F3 寻找下一个匹配的字符串。

Find in Files 命令：在指定的多个文件中查找指定的字符串。

Replace 命令：快捷键 Ctrl+H。替换指定的字符串（用某一个串替换另一个串）。

Go To 命令：快捷键 Ctrl+G。将光标移到指定行上。

Breakpoints 命令：快捷键 Alt+F9。弹出对话框，用于设置、删除或查看程序中的所有断点。断点将告诉调试器应该在何时何地暂停程序的执行，以便查看当时的变量取值等现场情况。

（3）View 菜单。

Workspace 命令：如果工作区窗口没显示出来，选择执行该项后将显示出工作区窗口。

Output 命令：如果输出窗口没显示出来，选择执行该项后将显示出输出窗口。输出窗口中将随时显示有关的提示信息或出错警告信息等。

（4）Project 菜单。

Add To Project 命令：选择该项将弹出子菜单，用于添加文件或数据链接等到工程之中去。例如子菜单中的 New 选项可用于添加"C++ Source File"或"C/C++ Header File"；而子菜单中的 Files 选项则用于插入已有的文件到工程中。

Settings 命令：为工程进行各种不同的设置。当选择其中的"Debug"标签（选项卡），并通过在"Program arguments："文本框中填入以空格分割的各命令行参数后，则可以为带参数的 main 函数提供相应参数（呼应于"void main (int argc, char* argv[ ]) {…}"形式的 main 函数中所需各 argv 数组的各字符串参数值）。注意，在执行带参数的 main 函数之前，必须进行该设置，当"Program arguments："文本框中为空时，意味着无命令行参数。

（5）Build 菜单。

Compile 命令：快捷键 Ctrl+F7。编译当前处于源代码窗口中的源程序文件，以便检查是否有语法错误或警告，如果有的话，将显示在 Output 输出窗口中。

Build 命令：快捷键 F7。对当前工程中的有关文件进行链接，若出现错误的话，也将显示在 Output 输出窗口中。

Execute 命令：快捷键 Ctrl+F5。运行（执行）已经编译、链接成功的可执行程序（文件）。

Start Debug 命令：选择该项将弹出子菜单，其中含有用于启动调试器运行的几个选项。例如其中的 Go 选项用于从当前语句开始执行程序，直到遇到断点或遇到程序结束；Step Into 选项开始单步执行程序，并在遇到函数调用时进入函数内部再从头单步执行；Run to Cursor 选项使程序运行到当前鼠标光标所在行时暂停其执行（注意，使用该选项前，要先将鼠标光标设置到某一个你希望暂停的程序行处）。执行该菜单的选择项后，就启动了调试器，此时菜单栏中将出现 Debug 菜单（而取代了 Build 菜单）。

（6）Debug 菜单。

启动调试器后才出现该 Debug 菜单（而不再出现 Build 菜单）。

Go 命令：快捷键 F5。从当前语句启动继续运行程序，直到遇到断点或遇到程序结束而停止（与 Build→Start Debug→Go 选项的功能相同）。

Restart 命令：快捷键 Ctrl+Shift+F5。重新从头开始对程序进行调试执行（当对程序做过某些修改后往往需要这样做）。选择该项后，系统将重新装载程序到内存，并放弃所有变量的当前值（而重新开始）。

Stop Debugging 命令：快捷键 Shift+F5。中断当前的调试过程并返回正常的编辑状态（注意，系统将自动关闭调试器，并重新使用 Build 菜单来取代 Debug 菜单）。

Step Into 命令：快捷键 F11。单步执行程序，并在遇到函数调用语句时，进入那一函数内部，并从头单步执行（与 Build→Start Debug→Step Into 选项的功能相同）。

Step Over 命令：快捷键 F10。单步执行程序，但当执行到函数调用语句时，不进入那一函数内部，而是一步直接执行完该函数后，接着再执行函数调用语句后面的语句。

Step Out 命令：快捷键 Shift+F11。与 "Step Into" 配合使用，当执行进入到函数内部，单步执行若干步之后，若发现不再需要进行单步调试的话，通过该选项可以从函数内部返回（到函数调用语句的下一语句处停止）。

Run to Cursor 命令：快捷键 Ctrl+F10。使程序运行到当前鼠标光标所在行时暂停其执行（注意，使用该选项前，要先将鼠标光标设置到某一个你希望暂停的程序行处）。事实上，相当于设置了一个临时断点，与 Build→Start Debug→Run to Cursor 选项的功能相同。

Insert/Remove Breakpoint 命令：快捷键 F9。本菜单项并未出现在 Debug 菜单上（在工具栏和程序文档的上下文关联菜单上），列在此处是为了方便大家掌握程序调试的手段，其功能是设置或取消固定断点——程序行前有一个圆形的黑点标志，表示该行已经设置了固定断点。另外，与固定断点相关的还有 Alt+F9（管理程序中的所有断点）、Ctrl+F9（禁用/使能当前断点）。

（7）Help 菜单。

通过该菜单来查看 VC++2010 的各种联机帮助信息。

（8）上下文关联菜单。

除了主菜单和工具栏外，VC++2010 开发环境还提供了大量的上下文关联菜单，用鼠标右键单击窗口中的很多地方都会弹出一个关联菜单，里面包含有与被单击项目相关的各种命令，建议大家在工作时可以试着多点点鼠标右键，说不定会发现很多有用的命令，从而大大加快一些常规操作的速度。

2．VC++2010 的主要工作窗口

（1）Workspace 窗口。

Workspace 窗口显示了当前工作区中各个工程的类、资源和文件信息，当新建或打开一个工作区后，Workspace 窗口通常会出现三个树视图：ClassView（类视图）、ResourceView（资源视图）和 FileView（文件视图），如果在 VC++2010 企业版中打开了数据库工程，还会出现第四个视图 DataView（数据视图）。如前所述，在 Workspace 窗口的各个视图内单击鼠标右键，可以得到很多有用的关联菜单。

ClassView 显示当前工作区中所有工程定义的 C++类、全局函数和全局变量，展开每一个类后，可以看到该类的所有成员函数和成员变量。如果双击类的名字，VC++2010 会自动

打开定义这个类的文件，并把文档窗口定位到该类的定义处；如果双击类的成员或者全局函数及变量，文档窗口则会定位到相应函数或变量的定义处。

　　ResourceView 显示每个工程中定义的各种资源，包括快捷键、位图、对话框、图标、菜单、字符串资源、工具栏和版本信息。如果双击一个资源项目，VC++2010 就会进入资源编辑状态，打开相应的资源，并根据资源的类型自动显示出 Graphics、Color、Dialog、Controls 等停靠式窗口。

　　FileView 显示了隶属于每个工程的所有文件。除了 C/C++源文件、头文件和资源文件外，我们还可以向工程中添加其他类型的文件，例如 Readme.txt 等，这些文件对工程的编译链接来说不是必需的，但将来制作安装程序时会被一起打包。同样，在 FileView 中双击源程序等文本文件时，VC++2010 会自动为该文件打开一个文档窗口；双击资源文件时，VC++2010 也会自动打开其中包含的资源。

　　在 FileView 中对着一个工程单击鼠标右键后，关联菜单中有一个"Clean"命令，在此特地要解释一下它的功能：VC++2010 在建立（Build）一个工程时，会自动生成很多中间文件，例如预编译头文件、程序数据库文件等，这些中间文件加起来的大小往往有数兆，很多人在开发一个软件期间会使用办公室或家里的数台机器，如果不把这些中间文件删除，在多台机器之间使用软盘拷贝工程就很麻烦。"Clean"命令的功能就是把 VC++2010 生成的中间文件全部删除，避免手工删除时可能出现的误删或漏删的问题。另外，在某些情况下，VC++2010 编译器可能无法正确识别哪些文件已被编译过，以致于每次建立工程时都进行完全重建，很浪费时间，此时使用"Clean"命令删除掉中间文件就可以解决这一问题。

　　应当指出，承载一个工程的还是存储在工作文件夹下的多个文件(物理上)，在 Workspace 窗口中的这些视图都是逻辑意义上的，它们只是从不同的角度去自动统计总结了工程的信息，以方便和帮助我们查看工程、更有效地开展工作。如果开始时你不习惯且工程很简单（学习期间很多时候都只有一个.cpp 文件），则完全没有必要去搭理这些视图，只需要在.cpp 文件内容窗口中工作。

　　（2）Output 窗口。

　　与 Workspace 窗口一样，Output 窗口也被分成了数栏，其中前面 4 栏最常用。在建立工程时，Build 栏将显示工程在建立过程中经过的每一个步骤及相应信息，如果出现编译连接错误，那么发生错误的文件及行号、错误类型编号和描述都会显示在 Build 栏中，用鼠标双击一条编译错误，VC++2010 就会打开相应的文件，并自动定位到发生错误的那一条语句。

　　工程通过编译链接后，运行其调试版本，Debug 栏中会显示出各种调试信息，包括 DLL 装载情况、运行时警告及错误信息、MFC 类库或程序输出的调试信息、进程中止代码等。

　　两个 Find in Files 栏用于显示从多个文件中查找字符串后的结果，当你想看看某个函数或变量出现在哪些文件中，可以从"Edit"菜单中选择"Find in Files…"命令，然后指定要查找的字符串、文件类型及路径，按"查找"后结果就会输出在 Output 的 Find in Files 栏中。

　　（3）窗口布局调整。

　　VC++2010 的智能化界面允许用户灵活配置窗口布局，例如菜单和工具栏的位置都可以重新定位。在菜单或工具栏左方类似于把手的两个竖条纹处或其他空白处点击鼠标左键并按住，然后试试把它拖动到窗口的不同地方，就可以发现菜单和工具栏能够停靠在窗口的上方、左方和下方，双击竖条纹后，它们还能以独立子窗口的形式出现，独立子窗口能够始终浮动在文档窗口的上方，并且可以被拖到 VC++2010 主窗口之外，如果有双显示器，甚至可以把这些子窗口拖到另外一个显示器上，以便进一步加大编辑区域的面积。Workspace 和 Output 等停靠式窗口（Docking View）也能以相同的方式进行拖动，或者切换成独立的子窗口。此外，这些停靠式窗口还可以切换成普通的文档窗口模式，不过文档窗口不能被拖出 VC++2010 的主窗口，切换的方法是选中某个停靠式窗口后，在"Windows"菜单中把"Docking View"置于非选中状态。

1.2.3　调试程序

1. 什么时候需要对程序进行调试

当程序编译出错或者链接出错时，系统都将在 Output 输出窗口中随时显示出有关的提示信息或出错警告信息等（如果是编译出错，只要双击 Output 窗口中的出错信息就可以自动跳到出错的程序行，以便仔细查找）。但若编译和链接都正确，而执行结果又总是不正确时，这时就需要使用调试工具来帮着"侦察"程序中隐藏的出错位置（某种逻辑错误）。

强调：初学者常犯的错误是认为"编译和链接"都正确，程序就应该没有问题，怎么会结果不对呢？"编译和链接"都正确，只能说明程序没有语法和拼写上的错误，但在算法（逻辑）上有没有错，还得看结果对不对。反过来讲，无论让你设计一个什么样的程序，你都只写以下几行，则"编译和链接"肯定都正确，但这并不能实现设计的要求。

```
#include <stdio.h>
void main()
{
    printf("Hello World!\n");
}
```

事实上，程序设计的重点完全不是修正编译和链接过程中的错误——相对而言，这种工作基本没有技术含量，程序设计的主要工作是设计正确的算法。

2. 对程序进行调试的基本手段和方法

（1）设置固定断点或临时断点。

所谓断点，是指定程序中的某一行，让程序运行至该行后暂停运行，使得程序员可以观察分析程序运行过程中的情况。这些情况一般包括：

① 在变量窗口（Varibles）中观察程序中变量的当前值。程序员观察这些值的目的是与预期值对比，若与预期值不一致，则此断点前运行的程序肯定在某个地方有问题，以此可缩小故障范围。例如以下程序是计算 cos（x）并显示，运行时发现无论 x 输入为多少，结果都是 0.046414。

```
#include <stdio.h>
#include <math.h>
void main()
{
    int  x;
```

```
        printf("Please input x:");
        scanf("% d", &x);
        printf("cos(x)=%f\n", cos(x));
}
```

在该程序中，若你没有看到问题——程序较长、较复杂时很难看出问题所在，则应该使用调试手段定位故障位置。

② 在监控窗口（Watch）中观察指定变量或表达式的值。当变量较多时，使用 Varibles 窗口可能不太方便，使用 Watch 窗口则可以有目的、有计划地观察关键变量的变化。

③ 在输出窗口中观察程序当前的输出与预期是否一致。同样地，若不一致，则此断点前运行的程序肯定在某个地方有问题。

④ 在内存窗口（Memory）中观察内存中数据的变化。在该窗口中能直接查询和修改任意地址的数据。对初学者来说，通过它能更深刻地理解各种变量、数组和结构等是如何占用内存的，以及数组越界的过程。

⑤ 在调用堆栈窗口（Call Stack）中观察函数调用的嵌套情况。此窗口在函数调用关系比较复杂或递归调用的情况下，对分析故障很有帮助。

（2）单步执行程序。

让程序一步一步（行）地执行，观察分析执行过程是否符合预期要求。例如，以下程序预期的功能是从键盘上读入两个数（x 和 y），判断 x 和 y 是否相等，相等则在屏幕上显示 x=y，不相等则显示 x<>y。这是要求实现的功能，但程序实际的运行状况却是：无论输入什么，都会在屏幕上显示 x=y 和 x<>y，程序肯定有问题，但表面上看却可能找不到问题所在，使用单步执行，则能定位故障点，缩小查看的范围。例如，在单步执行的过程中，若输入"2，3"，发现 x 和 y 的值的确变成了 2 和 3，此时按道理不应执行"printf（"x=y\n"）;"，但单步跟踪却发现被执行了，因此多半问题出在"if（x = y）"。

```
#include <stdio.h>
void main()
{
        int    x, y;
        printf("Please input x, y:");
        scanf("%d,%d", &x, &y);
        if (x = y)
        {
                printf("x=y\n");
        }
        else;
        {
                printf("x<>y\n");
        }
}
```

　　在单步执行的过程中，应灵活应用 Step Over、Step Into、Step Out、Run to Cursor 等方法，可以提高调试效率。建议在程序调试过程中，记住并使用"Step Over、Step Into、Step Out、Run to Cursor"等菜单项的快捷键，开始时可能较生疏、操作较慢，但坚持一段时间就会熟能生巧、提高效率。

3. 对一个简单程序的调试过程

　　假设准备编制进行如下计算任务的一个简单程序：在已知 x=3、y=5 的情况下，先计算出 x 与 y 的和 s，差 d，商 q，模 r，而后计算 res=s+2d+3q+4r 的值（res 应该等于 16）并显示在屏幕上。但编制的如下程序运行后却得出了一个错误结果"res=26"（见图 1-7）。

```c
#include <stdio.h>
void main()
{
    int x=3, y=5;
    int s, d, q, r, res;

    s = x + y;
    d = s - y;
    q = x / y;
    r = x % y;
    res = s + 2*d + 3*q + 4*r;
    printf("res=%d\n", res);
    getchar();
}
```

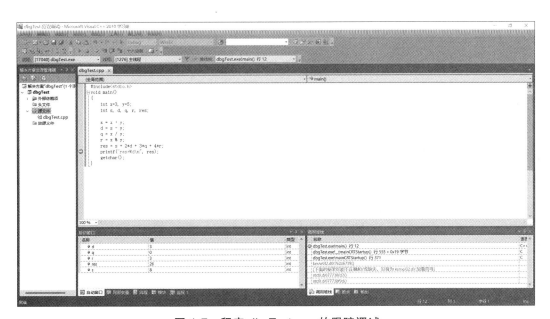

图 1-7　程序 dbgTest.cpp 的跟踪调试

分析上述所编制的程序行，假设能在要输出 res 结果值的那一程序行（倒数第二行）处设置一个临时断点，让程序先执行到此断点处（注意设为断点的那一行尚未被执行），看一看那时各变量的动态取值情况，有可能就会找到出错的原因！

基于上述分析，先将鼠标光标移动到"printf（"res=%d\n"，res）;"那一行处（左键单击那一行任意位置），从而指定了临时性断点的行位置，而后执行"调试→启动调试"选项，使程序运行到所指定行时暂停其执行，并显示出如图 1-7 所示的界面，其中的左下方窗口中就列出了当时各变量的取值情况：和 s=8，差 d=3（x=3，y=5，它们的差 d=3 肯定是错误的！），商 q=0，模 r=3，最终结果 res=26。再仔细查看程序中负责计算差 d 的那一个语句"d=s-y;"就会恍然大悟，原来将"x-y"误写成了"s-y"！找到了错误，此时可以通过菜单选项"Debug→Stop Debugging"，中断当前的调试过程并返回正常的编辑状态，修改所发现的错误后，再一次执行将能得出正确结果"res=16"。

顺便指出，图 1-7 中显示的变量是"自动查看"方式的，即 VC++2010 自动显示当前运行上下文中的变量的值。如果变量比较多，自动显示的窗口比较混乱，则可以在 Watch 列表中添加自己想要监控的变量名。

上述设置临时断点（到鼠标光标那一行处）的调试手段使用起来很方便，会经常使用（也经常在到达一个断点后，又设置另一个新的临时断点）。另外也常配合使用"单步执行"的方式，来仔细检查每一步（一个程序行）执行后各变量取值的动态变化情况。如，先通过"Run to Cursor"执行到某一个鼠标光标临时断点行处，而后通过使用 Debug 菜单的"Step Over"或"Step Into"来进行所谓的"单步执行"，当然，每执行一步后，都要仔细观察并分析系统自动给出的各变量取值的动态变化情况，以便及时发现异常而找到出错原因。

4. 设计合适的程序调试方案

让我们来分析并设计对如下程序进行调试的具体方法与手段（实际上，对不同的程序，都需要在分析其执行结果以及其程序编写结构的基础上，来设计相应的对其进行具体调试的方法与手段，宗旨是想方设法逐步缩小"侦察"范围，直到最后找到出错位置）。

```c
#include <stdio.h>

int f(int a)
{
    int b, c;
    b = a + 5;
    c = 2*b + 100;
    return c;
}

void main()
{
    int x=3, y=5;
    int s, d, q, r, res, z;
```

```
    s = x + y;
    d = x - y;
    q = x / y;
    r = x % y;
    res = s + 2*d + 3*q + 4*r;
    printf("res=%d\n", res);
    z = f(36);
    printf("z=%d\n", z);
}
```

该程序除 main 外，还有一个自定义函数 f。若已经能确认调用 f 函数前计算出的 res 值（或 s、d、q 或 r 其中之一的结果值）不正确的话，则可像上一程序那样，在计算出 res 变量值的下一行（或在靠前一些的某一行）处设置断点，看到达那一断点处是否一切正常。若到达断点处的数据结果已经不正常，则错误已经出现（出现在跟前或出现在前面，从而找到错误或者缩小了"侦察"范围）；若断点处仍然正常，可断言错误出现在后面，而后：① 可又一次通过鼠标光标往更靠后一些的适当位置设置新断点制并运行一个简单程序，再一次"Debug→Run to Cursor"（一下向后"迈"过了许多行，再继续"侦察"！）；② 通过"单步执行"（Debug→StepOver），在重点怀疑的那一块地方仔细地逐行进行"侦察"。

注意，"Step Over"不会"跟踪"进入 f 函数内部，若怀疑 f 函数可能有问题的话，要通过使用"Debug→Step Into"进入 f 内部再进行细致调试（在不遇到函数调用的地方，"Step Over"与"Step Into"的功能是相同的。若通过"Step Into"进入到函数内部，单步执行若干步之后，若发现不再需要进行单步调试的话，可通过"Step Out"从函数内部返回到调用语句的下一语句处）。

作为练习，请读者利用这一程序对上述的调试方法与手段进行多方面的灵活使用与体验！可以看出，程序调试是一件很费时费力而又非常细致的工作，需要耐心，要通过不断地实践来总结与积累调试经验。至于 VC++2010 提供的其他调试方法与手段，这儿就不一一介绍了。

前面也提到过，通过"Run to Cursor"所设置并到达的断点是一个临时性的断点。实际上，VC++2010 还提供设置与清除固定性断点的方法。设置固定性断点最简单的方法是：在某一程序行处，单击鼠标右键，在菜单中选择"Insert/Remove Breakpoint"项（通过左键单击该选项，此时该行前将出现一个圆形的黑点标志，意味着已经将该行设置成了固定断点）。

清除固定性断点的方法为：在具有圆形黑点标志的固定断点行处单击鼠标右键，在菜单中选择"Remove Breakpoint"项（通过左键单击该选项，此时该行前的那一个圆形黑点标志将消失，意味着已经清除了该固定断点）。

设置了固定性断点后，通常通过"Build→Start Debug→Go"或"Debug→Go"选项使程序开始执行，直到遇到某断点或遇到程序结束而停止。

还要说明的是，可以随时设置任意多个固定性断点，也可以随时清除它们。通过使用菜单选项"Edit→Breakpoints"，会出现一个对话框，在其中的"Break at"文本框中键入要设置断点的程序行的行数信息（但通常是先通过鼠标光标选定某一程序行，再利用菜单选项进入上述对话框，而后通过点击"Break at"文本框右边的小三角按钮，并选定系统自动提供的程序行的行数，以免自己要真正地去数清楚那一行的行数），也能够在指定行处设置一个固定性断点（通过 OK 按钮确定）；如果要清除某断点，可在"Breakpoints"列表栏中先选定它，之后单击 Remove 按钮。实际上，除位置断点外，通过"Edit→Breakpoints"还可以设置数据断点、消息断点以及条件断点等，这儿就不再细说了。

　　VC++2010 是一个极为庞大的开发工具，我们所介绍的仅仅是一些基本的应用，使用这些应用已经可以完成书中所涉及的例子和作业，有兴趣的读者可以参看其他介绍 VC++2010 的有关资料或书籍进一步学习与提高。

1.2.4　编译与链接过程中常见的出错提示

　　编译、链接过程中，由于初学者在程序录入阶段的按键失误，VC 经常会提示程序有错（语法和拼写问题，肯定不会指明算法有问题，否则就不用编程了）。遇到这些英文的提示时，不少同学觉得无从下手。但是，一定要克服畏难情绪和一看英文就害怕的心理，凭自己能考上大学的英语水平，只要仔细、一个单词一个单词地看，这些英文、包括在线帮助中的英文语句应基本上能看懂，个别单词实在不认识就查一查，做 IT 的哪能不学英语，这本身也是在日常生活中学习英语的机会。再者，即便没有完全理解、似懂非懂，也没有很大关系，只要双击 Output 窗口中的出错信息就可以自动跳到出错的程序行，仔细查看，加上经验的逐渐积累和人类举一反三、触类旁通的自我学习能力，解决这些简单问题并非难事。

　　以下是一些常见的编译、链接期间的程序出错英文提示及相应的中文意思，供参考。

1. 常见编译错误

（1）error C2001：newline in constant。

编号：C2001。

直译：在常量中出现了换行。

错误分析：

① 字符串常量、字符常量中是否有换行。

② 在这个语句中，某个字符串常量的尾部是否漏掉了双引号。

③ 在这个语句中，某个字符创常量中是否出现了双引号字符""，但是没有使用转义符"\""。

④ 在这个语句中，某个字符常量的尾部是否漏掉了单引号。

⑤ 是否在某个语句的尾部或语句的中间误输入了一个单引号或双引号。

（2）error C2015：too many characters in constant。

编号：C2015。

直译：字符常量中的字符太多了。

错误分析：单引号表示字符型常量。一般的，单引号中必须有且只能有一个字符（使用转义符时，转义符所表示的字符当作一个字符看待），如果单引号中的字符数多于 4 个，就会引发这个错误。

　　另外，如果语句中某个字符常量缺少右边的单引号，也会引发这个错误，例如：

if (x == 'x || x == 'y') { … }

　　值得注意的是，如果单引号中的字符数是 2 ~ 4 个，编译不报错，输出结果是这几个字母的 ASCII 码作为一个整数（int，4B）整体看待的数字。

　　（3）error C2137：empty character constant。

　　编号：C2137。

　　直译：空的字符定义。

　　错误分析：原因是连用了两个单引号，而中间没有任何字符，这是不允许的。

　　（4）error C2018：unknown character '0x##'。

　　编号：C2018。

　　直译：未知字符'0x##'。

　　错误分析：'0x##'是字符 ASCII 码的 16 进制表示法。这里说的未知字符，通常是指全角符号、字母、数字，或者直接输入了汉字。如果全角字符和汉字用双引号包含起来，则成为字符串常量的一部分，是不会引发这个错误的。

　　（5）error C2041：illegal digit '#' for base '8'。

　　编号：C2141。

　　直译：在八进制中出现了非法的数字'#'（这个数字#通常是 8 或者 9）。

　　错误分析：如果某个数字常量以"0"开头（单纯的数字 0 除外），那么编译器会认为这是一个 8 进制数字。例如："089"、"078"、"093"都是非法的，而"071"是合法的，等同于是进制中的"57"。

　　（6）error C2065：'xxxx'：undeclared identifier。

　　编号：C2065。

　　直译：标识符"xxxx"未定义。

　　错误分析：首先，解释一下什么是标识符。标识符是程序中出现的除关键字之外的词，通常由字母、数字和下划线组成，不能以数字开头，不能与关键字重复，并且区分大小写。变量名、函数名、类名、常量名等，都是标识符。所有的标识符都必须先定义、后使用。标识符有很多种用途，所以错误也有很多种原因。

　　① 如果"xxxx"是一个变量名，那么通常是程序员忘记了定义这个变量，或者拼写错误、大小写错误所引起的，所以，首先检查变量名是否正确（相关知识：变量，变量定义）。

　　② 如果"xxxx"是一个函数名，那就怀疑函数名是否没有定义。可能是拼写错误或大小写错误，当然，也有可能是你所调用的函数根本不存在。还有一种可能，你写的函数在你调用所在的函数之后，而你有没有在调用之前对函数原形进行申明（相关知识：函数申明与定义，函数原型）。

　　③ 如果"xxxx"是一个库函数的函数名，比如"sqrt""fabs"，那么看看你在 cpp 文件开始处是否已包含了这些库函数所在的头文件（.h 文件）。例如，使用 sqrt 函数需要头文件 math.h。如果"xxxx"就是"cin"或"cout"，那么一般是没有包含 iostream.h 文件（相关知识：#include，cin，cout）。

　　④ 如果"xxxx"是一个类名，那么表示这个类没有定义，可能性依然是：根本没有定义这个类，或者拼写错误，或者大小写错误，或者缺少头文件，或者类的使用在申明之前。（相关知识：类，类定义。）

⑤ 标志符遵循先申明后使用原则。所以，无论是变量、函数名、类名，都必须先定义、后使用。如果使用在前、申明在后，就会引发这个错误。

⑥ C++的作用域也会成为引发这个错误的陷阱。在花括号之内的变量，是不能在这个花括号之外使用的。类、函数、if、do（while）、for 所引起的花括号都遵循这个规则。（相关知识：作用域。）

⑦ 前面某句语句的错误也可能导致编译器误认为这一句有错。如果你前面的变量定义语句有错误，编译器在后面的编译中会认为该变量从来没有定义过，以致后面所有使用这个变量的语句都报这个错误。如果函数申明语句有错误，那么将会引发同样的问题。

（7）error C2086：'xxxx': redefinition。

编号：C2374。

直译："xxxx"重复申明。

错误分析：变量"xxxx"在同一作用域中定义了多次。检查"xxxx"的每一次定义，只保留一个或者更改变量名。

（8）error C2374：'xxxx': redefinition；multiple initialization。

编号：C2374。

直译："xxxx"重复申明，多次初始化。

错误分析：变量"xxxx"在同一作用域中定义了多次，并且进行了多次初始化。检查"xxxx"的每一次定义，只保留一个，或者更改变量名。

（9）C2143：syntax error：missing ';' before（identifier）'xxxx'。

编号：C2143。

直译：在（标志符）"xxxx"前缺少分号。

错误分析：这是 VC++2010 的编译期最常见的误报，当出现这个错误时，往往所指的语句并没有错误，而是它的上一句语句发生了错误。其实，更合适的做法是编译器报告在上一句语句的尾部缺少分号。上一句语句的很多种错误都会导致编译器报出这个错误：

① 上一句语句的末尾真的缺少分号，那么补上就可以了。

② 上一句语句不完整，或者有明显的语法错误，或者根本不能算一句语句（有时候是无意中按到键盘所致）。

③ 如果发现发生错误的语句是 cpp 文件的第一行语句，在本文件中检查没有错误，但其使用双引号包含了某个头文件，那么检查这个头文件，在这个头文件的尾部可能有错误。

（10）error C4716：'xxx': must return a value。

编号：C4716。

直译："xxx"必须返回一个值。

错误分析：函数声明了有返回值（不为 void），但函数实现中忘记了 return 返回值。要么函数确实没有返回值，则修改其返回值类型为 void，要么在函数结束前返回合适的值。

（11）warning C4508：'main': function should return a value；'void' return type assumed。

编号：C4508。

直译：main 函数应该返回一个值；void 返回值类型被假定。

错误分析：

① 函数应该有返回值，声明函数时应指明返回值的类型，确实无返回值的，应将函数返

回值声明为 void。若未声明函数返回值的类型，则系统默认为整型 int。此处的错误估计是在 main 函数中没有 return 返回值语句，而 main 函数要么没有声明其返回值的类型，要么声明了。

②　warning 类型的错误为警告性质的错误，其意思是并不一定有错，程序仍可以被成功编译、链接，但可能有问题、有风险。

（12）warning C4700：local variable 'xxx' used without having been initialized。

编号：C4700。

直译：警告局部变量"xxx"在使用前没有被初始化。

错误分析：这是初学者常犯的错误，例如以下程序段就会造成这样的警告，而且程序的确有问题，应加以修改，尽管编译、链接可以成功——若不修改，x 的值到底是多少无法确定，是随机的，判断其是否与 3 相同没有意义，在运气不好的情况下，可能在调试程序的机器上运行时，结果看起来是对的，但更换计算机后再运行，结果就不对，初学者往往感到迷惑。

```
int x;
if (x==3) printf("hello");
```

2. 常见链接错误

（1）error LNK2001：unresolved external symbol _main。

编号：LNK2001。

直译：未解决的外部符号：_main。

错误分析：缺少 main 函数。看看 main 的拼写或大小写是否正确。

（2）error LNK2005：_main already defined in xxxx.obj。

编号：LNK2005。

直译：_main 已经存在于 xxxx.obj 中了。

错误分析：直接的原因是该程序中有多个（不止一个）main 函数。这是初学 C++的低年级同学在初次编程时经常犯的错误。这个错误通常不是在同一个文件中包含有两个 main 函数，而是在一个 project（项目）中包含了多个 cpp 文件，而每个 cpp 文件中都有一个 main 函数。引发这个错误的过程一般是这样的：你写完了一个 C++程序的调试，接着准备写第二个 C++文件，于是你可能通过右上角的关闭按钮关闭了当前的 cpp 文件字窗口（或者没有关闭，这一操作不影响最后的结果），然后通过菜单或工具栏创建了一个新的 cpp 文件，在这个新窗口中，程序编写完成，编译，然后就发生了以上的错误。原因是这样的：你在创建第二个 cpp 文件时，没有关闭原来的项目，所以新的 cpp 文件无意中加入了上一个程序所在的项目。切换到"File View"视图，展开"Source Files"节点，你就会发现有两个文件。

在编写 C++程序时，一定要理解什么是 Workspace、什么是 Project。每一个程序都是一个 Project(项目)，一个 Project 可以编译为一个应用程序(*.exe)，或者一个动态链接库(*.dll)。通常，每个 Project 下面可以包含多个.cpp 文件，.h 文件，以及其他资源文件。在这些文件中，只能有一个 main 函数。初学者在写简单程序时，一个 Project 中往往只会有一个 cpp 文件。Workspace（工作区）是 Project 的集合。在调试复杂的程序时，一个 Workspace 可能包含多个 Project，但对于初学者的简单的程序，一个 Workspace 往往只包含一个 Project。

当完成一个程序以后，在写另一个程序之前，一定要在"File"菜单中选择"Close

Workspace"项，已完全关闭前一个项目，才能进行下一个项目。避免这个错误的另一个方法是每次写完一个 C++程序，都把 VC++2010 彻底关掉，然后重写打开 VC++2010，写下一个程序。

1.3　VC++2010 下新建一个简单 C 源程序

1.3.1　实验目的

（1）熟练掌握 Visual C++2010 编译系统的常用功能。
（2）学会使用 Visual C++2010 编译系统创建、打开、编辑、保存、运行 C 程序。
（3）熟练掌握 C 程序结构和语法规则。

1.3.2　实验内容

【例 1-1】 创建一个输出"Hello World!"程序。
[分析]：略。
[N-S 流程图]：略。
C 源程序（文件名 li1_1.c）：

```c
#include<stdio.h>
void main()
{
    printf("Hello World!\n");
}
```

打开 VC++2010，如图 1-8 所示。

图 1-8　VC++2010 界面

选择"文件"→"新建"→"项目",打开"新建项目"界面。选择"Win32 控制台应用程序"项,然后在"文件名"项目下输入"1_1.c",并选择源程序路径,如图 1-9 所示。

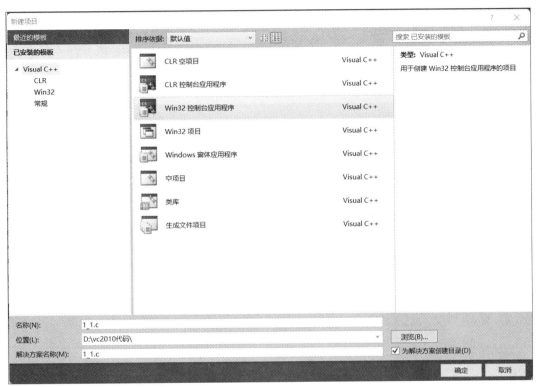

图 1-9　"新建项目"界面(1)

单击"确定",再点击"下一步",再点击"空项目",最后点击"完成"后,如图 1-10 所示。

图 1-10　"新建项目"界面(2)

右击"源文件"→"添加"→"新建项"→"C++文件（.cpp）"→输入名称→"添加"
→输入源代码，如图 1-11 所示。

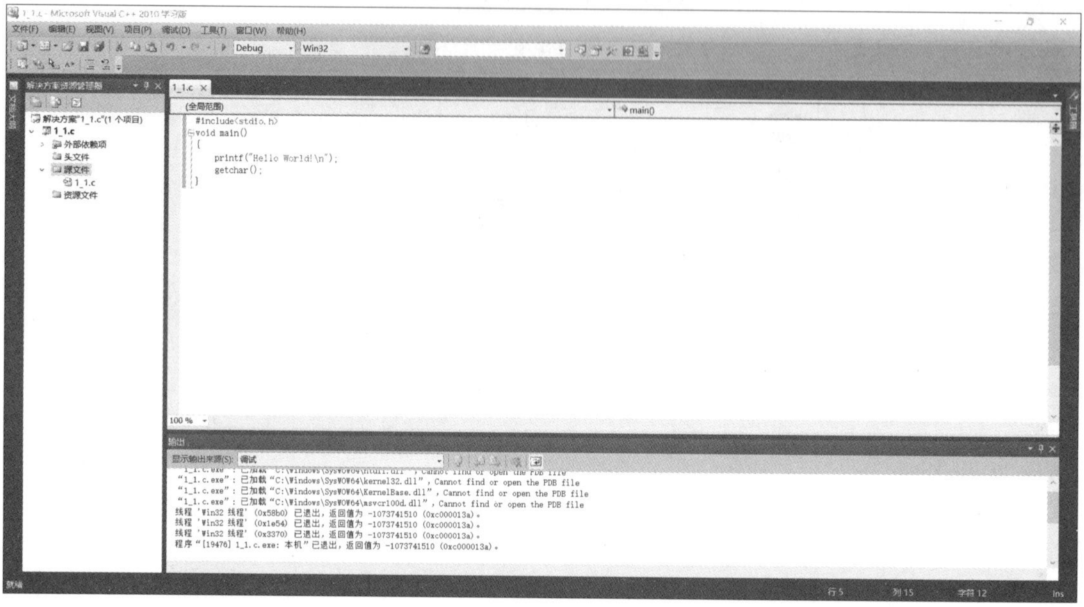

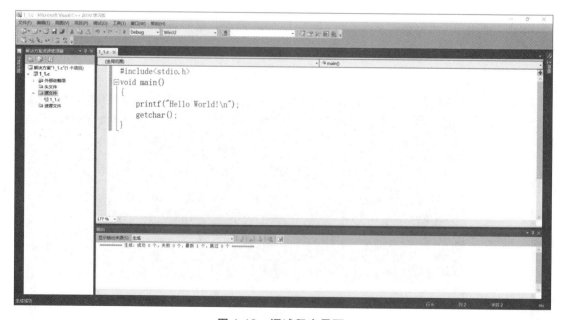

图 1-11   编写代码界面

选择按"调试"→"生成解决方案"调试程序，如图 1-12 所示。看看有没有错误，有则
改正，没有则可以再按启动调试运行程序。

图 1-12   调试程序界面

运行结果如图 1-13 所示。

图 1-13　运行结果界面

☺举一反三

【实验 1–1】　创建一个程序输出 "EAST CHINA JIAOTONG UNIVERSITY"。

【实验 1–2】　创建一个程序输出 "I LOVE CHINA"。

1.3.3　实验参考

【实验 1–1】

[分析]：略。

[N-S 流程图]：略。

C 源程序（文件名 sy1_1.c）：

```
#include<stdio.h>
void main(void)
{
    printf("EAST CHINA JIAOTONG UNIVERSITY");
}
```

【实验 1–2】

[分析]：略。

[N-S 流程图]：略。

C 源程序（文件名 sy1_2.c）：

```
#include<stdio.h>
void main(void)
{
    printf("I LOVE CHINA");
}
```

1.4　VC 2010 下新建一个简单 C 程序工程

1.4.1　实验目的

（1）学会使用 Visual C++2010 编译系统创建一个 C 程序工程。

（2）学会使用 Visual C++2010 编译系统调试、运行 C 程序。

（3）熟练掌握 C 程序结构和语法规则。

1.4.2 实验内容

【例 1-2】 输入两个数值，输出它们的和。

[分析]：略。

[N-S 流程图]：见图 1-14。

定义三个变量下，x,y,z：
int x,y,z;
提示输入 x：
printf("Please input number1:\n");
输入 x：
scanf("%d",&x);
提示输入 y：
printf("Please input number2:\n");
输入 y：
scanf("%d",&y);
计算 x+y 的值：
z=x+y;
输出 x + y 的值：z
printf("sum of %d and %d is %d\n",x,y,z);

图 1-14 例 1-2 N-S 流程图

C 源程序（文件名：li1_2.c）：

```c
#include<stdio.h>
void main()
{
    int x,y,z;
    printf("Please input number1:\n");
    scanf("%d",&x);
    printf("Please input number2:\n");
    scanf("%d",&y);
    z=x+y;
    printf("sum of %d and %d is %d\n",x,y,z);
}
```

首先，编写以上源代码，命名为 1_2.c

打开 VC++2010，选择"文件"→"新建"，在"项目"下选择"Win32 Console Application"项，并在"工程名称"项目下输入工程名称，点击"确定"，如图 1-15 所示。

图 1-15　新建项目界面

选择"下一步"→"空项目"项,单击"完成"后确定,打开如图 1-16、图 1-17 所示界面。

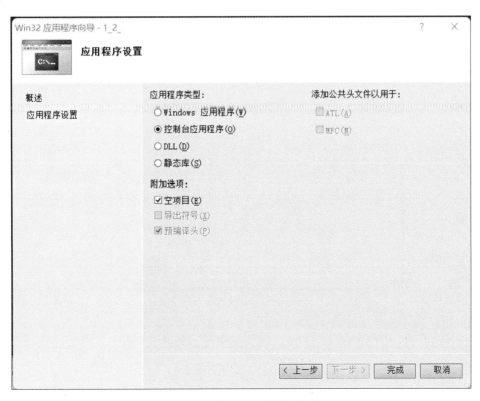

图 1-16　新建项目界面(1)

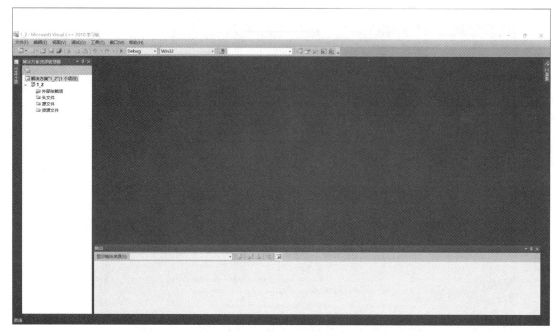

图 1-17　新建项目界面（2）

　　将文件 1_2.cpp 复制到工程目录下，选择"工程"→"添加到工程"→"文件"，打开如图 1-18 所示界面。

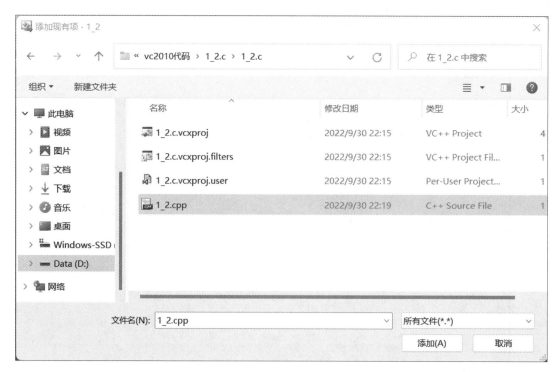

图 1-18　打开文件界面（1）

　　选择文件 1_2.cpp，点击打开，如图 1-19 所示。

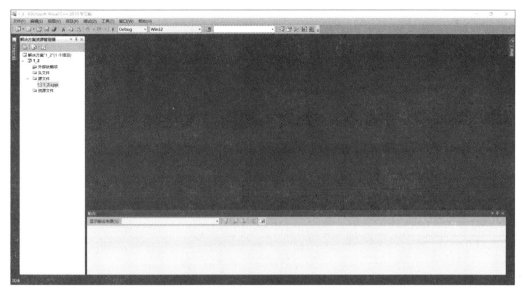

图 1-19　打开文件界面（2）

点击左侧工作空间"源文件夹"，双击 1_2.cpp，如图 1-20 所示。

图 1-20　打开文件界面（3）

按照 1.3 节所介绍的实验中的操作，顺序点击"调试"→"生成解决方案"→"启动调试"，如图 1-21 所示。

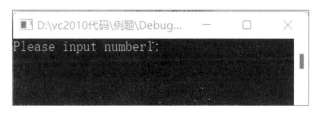

图 1-21　运行结果界面（1）

输入第一个数字 9，按回车；再输入第二个数字 13，按回车，出现结果，如图 1-22 所示。

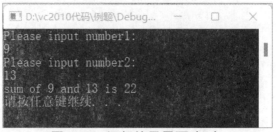

图 1-22   运行结果界面（2）

☺举一反三

【实验 1-3】 输入两个数值，输出它们的乘积。

【实验 1-4】 输入三个数值，输出前两个数的乘积与最后一个数的和。

1.4.3   实验参考

【实验 1-3】

[分析]：略。

[N-S 流程图]：略。

C 源程序（文件名：sy1_3.c）：

```c
#include<stdio.h>
void main()
{
    int x,y,z;
    printf("Please input number1:\n");
    scanf("%d",&x);
    printf("Please input number2:\n");
    scanf("%d",&y);
    z=x*y;
    printf("product of %d and %d is %d\n",x,y,z);
}
```

【实验 1-4】

[分析]：略。

[N-S 流程图]：略。

C 源程序（文件名：sy1_4.c）：

```c
#include<stdio.h>
void main()
{
    int x,y,z;
    printf("Please input number1:\n");
    scanf("%d",&x);
```

```
printf("Please input number2:\n");
scanf("%d",&y);
printf("Please input number3:\n");
scanf("%d",&z);
printf("result is %d\n",x*y+z);
}
```

程序调试步骤：

（1）断点设置好以后点击"调试"→"启动调试"，程序执行到有断点的地方会停下来，采用 F10 或 F11 单步调试找到精确的错误处。其中 F10 是跳过函数调用，F11 是进入函数体调试。一般是先用 F10，确定函数输入输出是否与自己想的一样，如不一样，则用 F11 进入函数体一步一步调试。

（2）在调试过程中，肯定要监视程序中的变量。VC++2010.0 的右下角有一个 watch 窗口，专门用来设置监视变量。在调试过程中，鼠标轻轻放在变量上也会显示该变量的值。常用的调试快捷键如表 1-1 所示。

表 1-1　常用调试快捷键表

功能	快捷键
单步进入	F11
单步跳过	F10
单步跳出	SHIFT+F11
运行到光标	CTRL+F10
开关断点	F9
清除断点	CTRL+SHIFT+F9
Breakpoints（断点管理）	CTRL+B 或 ALT+F9
GO	F5
Compile（编译，生成.obj 文件）	CTRL+F7
Build（组建，先 Compile 生成.obj 再 Link 生成.exe）	F7

1.5　教材习题答案

一、选择题

1~5：CDBCA

二、填空题

1.（1）面向机器　　　（2）面向问题

2.（1）源　　　　　　（2）目标

3.（1）机器　　　　　（2）高级

三、简答题

1. 答：优点：（1）简洁紧凑、灵活方便；（2）运算符丰富；（3）数据类型丰富；（4）表达方式灵活实用；（5）允许直接访问物理地址，对硬件进行操作；（6）生成目标代码质量高，程序执行效率高；（7）可移植性好；（8）表达力强。缺点：（1）C语言的缺点主要表现在数据的封装性上，这一点使得C在数据的安全性上有很大缺陷，这也是C和C++的一大区别；（2）C语言的语法限制不太严格，对变量的类型约束不严格，影响程序的安全性，对数组下标越界不作检查等。从应用的角度，C语言比其他高级语言较难掌握。也就是说，对用C语言的人，要求对程序设计更熟练一些。

2. 答：（1）编辑源程序；（2）编译源程序；（3）链接程序；（4）运行程序。

第 2 章　C 语言的基础知识

2.1　知识介绍

1. C 语言数据类型

C 语言中基本的数据类型有三种：整型（int），实型（单精度浮点型 float，双精度浮点型 double），字符型（char）。

（1）整型（int）：整型数据可以用十进制、八进制和十六进制 3 种形式来表示。例：

59，+23，－97 是合法的十进制整数；

024 是合法的八进制整数，078 则是一非法的八进制整数；

0x1f 是合法的十六进制整数。

（2）实型：分为单精度浮点型 float，双精度浮点型 double，实型数据只能采用十进制，有十进制小数形式和指数形式两种表达形式。

例如：0.89，12.，－2.5f，1E3，－2.5E－6 都是合法的实数。

（3）字符型：字符型用于储存字符，字符型数据有两种形式，一种是用一对单引号括起来的单个（不能是多个）字符，另一种是转义字符，以反斜杠 "\" 开头的特殊字符。

例如：'a'，'0'，'\t'，'\n'都是合法的字符。

2. 标识符与关键字

（1）标识符：标识符就是一个名称，用来表示变量、常量、函数、类型以及文件等的名字。标识符只能由字母、数字或下划线组成，并且第一个字符不能是数字。给标识符取名时，最好能做到"见名知意"。例如：

_12，max，min_a_9 是合法的标识符，而 n-12，2a 是不合法的标识符。

（2）关键字：所谓关键字就是被 C 语言保留的，具有特定含义，不能用作其他用途的一批标识符。例如：int，float，double，char 都是关键字。

3. 常量与符号常量

常量是指在程序运行过程中，其值不能被改变的量。常量又分为直接常量和符号常量。

（1）直接常量：可分为整型常量，实型常量，字符常量，字符串常量。例如：20，1.2f，3.4，'a'，"ecjtu"都是合法的直接常量。

（2）符号常量：可以用一个标识符来表示的常量，称之为符号常量。符号常量是一种特殊的常量，在使用之前必须先定义。其定义格式如下：

　　　　#define　标识符　常量

例如：#define PI 3.141 5926

4. 变　量

变量是指在程序的运行过程中其值可以改变的量。变量实质上代表计算机中的一个存储单元，它是用来存放数据的。

（1）变量的定义：C语言规定，变量必须先定义，后使用。变量的定义格式如下：

数据类型　变量名 1[，变量名 2，……];

例如：

double length;　　　/*定义了 1 个双精度型变量 length*/ int i，j;　　　/*定义了 2 个整型变量 i 和 j*/

（2）变量的初始化。

在定义变量时，可以根据需要赋予它一个初始值，即变量的初始化。一般形式如下：

数据类型　变量名 1[=初值 1][，变量名 2][=初值 2]……];

例如：char ch='0'　　　/* 对 ch 初始化，ch 的初值为字符'0'*/

5. 运算符

运算符是表示某种操作的符号。运算符操作的对象叫操作数。根据运算符所操作的操作数个数，可把运算符分为单目运算符、双目运算符和三目运算符。

C语言运算符分为以下几类：

（1）算术运算符：+、-、*、/、%;

（2）关系运算符：>、<、==、>=、<=、!=;

（3）逻辑运算符：!、&&、||;

（4）位运算符：<<、>>、~、|、^、&;

（5）赋值运算符：=、扩展赋值运算符;

（6）条件运算符：?:;

（7）逗号运算符：,;

（8）指针运算符：*、&;

（9）求字节运算符：sizeof;

（10）分量运算符：.、->;

（11）下标运算符：[];

（12）强制类型转换运算符：（类型）;

（13）其他：如函数调用运算符()。

6. 表达式

用运算符把操作数按照C语言的语法规则连接起来的式子叫作表达式。

7. 运算符的优先级及结合性

（1）运算符的结合性：C语言中各运算符的结合性分为左结合性（自左至右）和右结合性（自右至左），多数运算符具有左结合性，单目运算符、三目运算符、赋值运算符具有右结合性。

（2）运算符的优先级：在表达式中，优先级较高的先于优先级较低的进行运算。而在一个运算量两侧的运算符优先级相同时，则按运算符的结合性所规定的结合方向处理。一般而言，单目运算符优先级较高，赋值运算符优先级低，逗号运算符优先级最低。算术运算符优先级较高，关系和逻辑运算符优先级较低。

C 语言中常用运算符的优先级和结合性如表 2-1 所示。

表 2-1　运算符的优先级和结合性

优先级	运算符	含义	结合性	说明
1	（　）	圆括号	左结合	双目运算符
2	-（取负运算） ++（自增运算符） --（自减运算符）	算术运算符	右结合	双目运算符
	（类型）	强制类型转换		
	!	逻辑非运算符		
	sizeof	求字节运算符		
	~（按位取反）	位运算符		
3	*（乘法） /（除法） %（求余）	算术运算符	左结合	双目运算符
4	+（加法） -（减法）			
5	<<（左移） >>（右移）	位运算符	左结合	双目运算符
6	>（大于） >=（大于等于） <（小于） <=（小于等于）	关系运算符	左结合	双目运算符
7	==（等于） !=（不等于）			
8	&（按位与）	位运算符	左结合	双目运算符
9	^（按位异或）			
10	|（按位或）			
11	&&（逻辑与运算）	逻辑运算符	左结合	双目运算符
12	||（逻辑或运算）			
13	?:	条件运算符	右结合	双目运算符
14	=　+=　-=　*=　/=　%=	赋值运算符	右结合	双目运算符
15	,	逗号运算符	左结合	双目运算符

8. 表达式的书写规则

（1）在 C 语言中，所有括号全部使用圆括号，没有小括号、中括号以及大括号之分；

（2）C 语言表达式中的乘号不能省略；

（3）表达式中各操作数和运算符应在同一水平线上，没有上下标和高低之分。

例如：$\dfrac{-b+\sqrt{b^2-4ac}}{2a}$ 正确的 C 语言表达式为：(-b+sqrt(b*b-4*a*c))/(2*a)。

9. 数据类型的转换

C 语言的数据类型转换可以归纳成 3 种转换方式：自动转换、赋值转换和强制转换。

（1）数据类型自动转换。

数据类型的自动转换规则如图 2-1 所示。

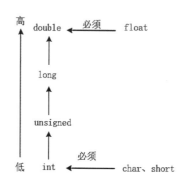

图 2-1　数据类型自动转换规则

例如：'a'+2+3.0 的计算结果为 102.0，数据类型是 double 类型。

（2）赋值转换：把赋值运算符右侧表达式的类型转换为左侧变量的类型。例如：语句 char ch=97；将字符'a'赋给变量 ch。

（3）强制类型转换。其一般形式为：

（类型说明符）（表达式）

功能：把表达式的运算结果强制转换成类型说明符所表示的类型。例如：int a=5；

（float）a；　　　/*把变量 a 的值转换为实型*/

2.2　数据类型的应用

2.2.1　实验目的

（1）掌握 C 语言数据类型的种类和作用，熟悉如何定义一个整型变量、字符型变量、实型变量以及对它们赋值的方法；

（2）掌握不同类型数据之间赋值的方法；

（3）灵活运用各种运算符及其表达式；

（4）熟悉 C 程序的结构特点，学习简单程序的编写方法。

2.2.2　实验内容

【例 2-1】　阅读以下程序，写出程序的运行结果。

C 源程序：（文件名：li2-1.c）

```
#include<stdio.h>
void main()
{
    long x,y;
    int a,b,c,d;
    x=5;
    y=6;
    a=7;
    b=8;
    c=x+a;
    d=y+b;
    printf("c=x+a=%d,d=y+b=%d\n",c,d);
}
```

运行结果见图 2-2。

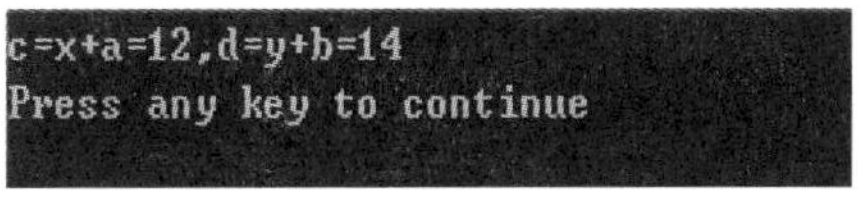

图 2-2　例 2-1 运行结果

程序分析：从程序中可以看到：x，y 是长整型变量，a、b 是基本整型变量。它们之间允许进行运算，运算结果为长整型。但 c、d 被定义为基本整型，因此最后结果为基本整型。本例说明，不同类型的量可以参与运算并相互赋值。其中的类型转换是由编译系统自动完成的。

☺举一反三

【实验 2-1】　编程求一元二次方程 $ax^2+bx+c=0$ 的根（假定 a=4，b=-40，c=91）。

【例 2-2】　阅读以下程序，写出程序的运行结果。

C 源程序：（文件名：li2-2.c）

```
#include<stdio.h>
#define PRICE 30
void main()
{
    int num,total;
    num=10;
    total=num*PRICE;
    printf("total=%d",total);
}
```

运行结果见图 2-3。

图 2-3　例 2-2 运行结果

程序分析：命令行#define PRICE 定义了 PRICE 是符号常量，值是 30。因此，语句 total=num*PRICE 可以表示为 total=10*30=300。注意，命令行#define PRICE 30 后面不能加分号，并且程序中不可以再对 PRICE 赋值，否则程序在编译时会出错。

☺举一反三

【实验 2-2】 求半径为 2.3 的圆的周长和面积。

【例 2-3】 阅读以下程序，写出程序的运行结果。

C 源程序：（文件名：li2-3.c）

```c
#include<stdio.h>
void main()
{
int k1,k2,x,y;
 k1=k2=10;
x=k1++;
y=++k2;
printf("k1=%d,k2=%d,x=%d,y=%d\n",k1,k2,x,y);
k1=k2=10;
x=--k1;
y=k2--;
printf("k1=%d,k2=%d,x=%d,y=%d\n",k1,k2,x,y);
}
```

运行结果见图 2-4。

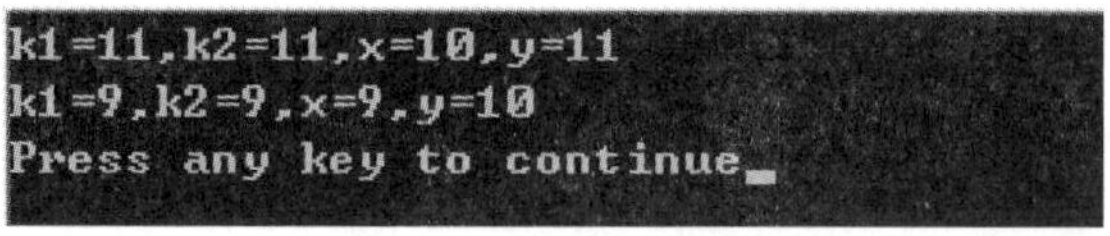

```
k1=11,k2=11,x=10,y=11
k1=9,k2=9,x=9,y=10
Press any key to continue_
```

图 2-4 例 2-3 运行结果

程序分析：++k（或--k）是前置形式，k 先增（减）值 1，再赋值给表达式，k 在这个过程中加（减）1；k++（或 k--）是后置形式，先赋值给表达式再增（减）值，同样 k 在这个过程中加（减）1，所以第一次输出的结果是 k1=11，k2=11，x=10，y=11；第二次输出的结果是 k1=9，k2=9，x=9，y=10。

☺举一反三

【实验 2-3】 编程求 2/3+5/6+2/7 的和。

【例 2-4】 编程验证，八进制整数 0177501 与-0277 都表示十进制数-191，十六进制整数 0xFFF1 与-0xF 都表示十进制数-15。

C 源程序：（文件名：li2-4.c）

```
#include<stdio.h>
void main()
{
short m=0177501,n=-0277,x=0xFFF1,y=-0xF;
printf("m=%d,n=%d",m,n);
printf("\n");
printf("X=%d,y=%d",x,y);
printf("\n");
}
```

运行结果见图 2-5。

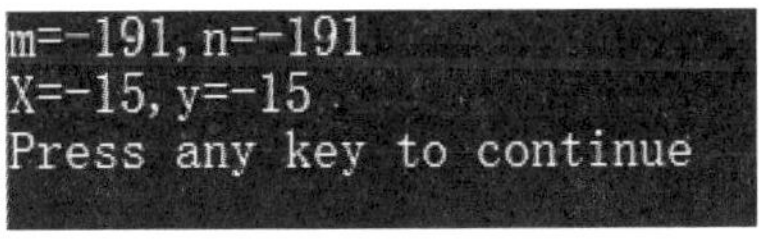

```
m=-191,n=-191
X=-15,y=-15
Press any key to continue
```

图 2-5　例 2-4 运行结果

程序分析：八进制数 0177501 对应的二进制补码为 001111111101000001，但由于变量 m 是短整型，只能保存最右端的 16 位二进制数，因此变量 m 中保存的二进制数为 1111111101000001，这正是十进制数-191 的补码。而 n=-0277 的原码为 1000000010111111，其补码也是二进制数 1111111101000001。故 m，n 的值等价于十进制数-191。同理，变量 x 和 y 保存的数据的二进制补码都是 1111111111110001，这也是十进制数-15 的补码，因此变量 x 和 y 的值等价于十进制数 – 15。

☺举一反三

【实验 2-4】　从键盘输入一个大写字母，改用小写字母输出。

【实验 2-5】　从键盘输入三角形的三条边 a，b，c 的值（假定它们能构成三角形），计算三角形的面积并输出，结果取两位小数。

2.2.3　实验参考

【实验 2-1】　编程求一元二次方 $ax^2+bx+c=0$ 的根（假定 a=4，b=-40，C=91）。

分析：由 b*b-4*a*c>0 可知方程有两个不等的实根，对于有两个不等实根的一元二次方程，可以通过求根公式 $x_{1,2}=\dfrac{-b\pm\sqrt{b^2-4ac}}{2a}$ 得到。

C 源程序：（文件名：sy2-1.c）

```
#include<stdio.h>
#include<math.h>
void main()
{
double a=4,b=-40,c=91;
double x1,x2,d;
```

```
  d=sqrt(b*b-4.0*a*c);
  x1=(-b+d)/(2.0*a);
x2=(-b-d)/(20*a);
printf("x1=%f,x2=%f\n", x1,x2);
}
```

运行结果见图 2-6。

x1=6.500000,x2=0.350000
Press any key to continue

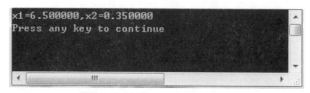

图 2-6　实验 2-1 运行结果

【实验 2–2】 求半径为 2.3 的圆的周长和面积。

C 源程序:（文件名: sy2-2.c）

```
#include<stdio.h>
#define PI 3.14
void main()
{
float r=2.3;
double s,p;
s=PI*r*r;
p=2*PI*r;
printf("r=%f,s=%lf,p=%lf\n",r,s,p);
}
```

运行结果见图 2-7。

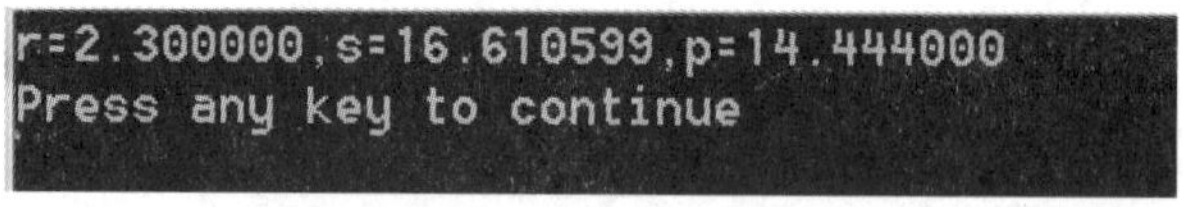
r=2.300000,s=16.610599,p=14.444000
Press any key to continue

图 2-7　实验 2-2 运行结果

【实验 2–3】 编程求 2/3+5/6+2/7 的和。

分析：由于 C 语言规定两个整型数字相除结果仍然为整型，为了得到正确的结果，应将任意一个整型操作数强制转换成实型，再进行除法操作。

C 源程序:（文件名: sy2-3.c）

```
#include<stdio.h>
void main()
{
float s;
s=2.0f/3+5.0f/6+2.0f/7;
```

```
printf( “s=%f\n” ,s);
}
```

运行结果见图 2-8。

s=1.785714
Press any key to continue

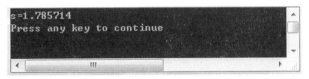

图 2-8　实验 2-3 运行结果

【实验 2-4】 从键盘输入一个大写字母，改用小写字母输出。

分析：大写字母和小写字母 ASCII 码值相差 32。

N-S 流程图见图 2-9。

输入任意一个大写字母 c1
c2=c1+32
输出大写字母 c2

图 2-9　实验 2-4 N-S 流程图

C 源程序：（文件名：sy2-4.c）

```
#include<stdio.h>
void main()
{
char c1,c2;
printf("请输入一个大写字母:");
c1=getchar();
printf("\n%c,%d\n",c1,c1);
c2=c1+32;
printf("\n%c,%d\n",c2,c2);
}
```

运行结果见图 2-10。

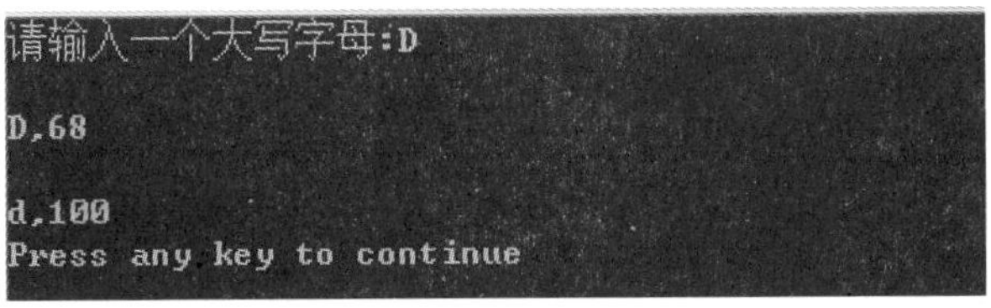
请输入一个大写字母:D
D,68
d,100
Press any key to continue

图 2-10　实验 2-4 运行结果

【实验 2-5】 键盘上输入三角形的三条边 a，b，c 的值（假定它们能构成三角形），计算三角形的面积并输出，结果取两位小数。

分析：利用公 $area=\sqrt{s(s-a)(s-b)(s-c)}$ 计算三角形面积，其中 $s=\dfrac{a+b+c}{2}$。

N-S 流程图见图 2-11。

输入三角形三边 a，b，c
s=(a+b+c)/2.0
area=sqrt(s*(s-a)*(s-b)*(s-c))
输出三角形面积

图 2-11　实验 2-5 N-S 流程图

C 源程序：（文件名：sy2-5.c）

```c
#include<stdio.h>
#include<math.h>
void main()
{
float a,b,c,s,area;
printf("输入三角形的三条边:\n");
scanf("%f%f%f",&a,&b,&c);
  s=(a+b+c)/2.0;
area=sqrt(s*(s-a)*(s-b)*(s-c));
printf("area=%.2f\n",area);
}
```

运行结果见图 2-12。

图 2-12　实验 2-5 运行结果

2.3　习题解答

一、选择题

1 ~ 5：BCCBC　　　　6 ~ 10：CCCDB　　　11 ~ 15：DCBAD

16 ~ 20：ABCCB　　　21 ~ 25：CDBDB

二、填空题

1. 2.500000

2. 1　　0　　1　　1

3. 18　　3　　3

4. ①　②　④　⑦

5. 3.500000

6. ①　⑦⑨

7. 12　　　12

8. 4.00000

9. 10　　　6

10. int

三、编程题

1. 输入一个 3 位十进制整数，分别输出百位、十位以及个位上的数。

分析：

（1）一个 3 位十进制整数除以 100，可以得到这个数的百位上的数；

（2）整数先除以 10，再对 10 求余数，可以得到这个整数的十位上的数；

（3）整数对 10 求余数，可以得到这个整数的个位上的数；

N-S 流程图见图 2-13。

输入一个 3 位十进制整数 a
b=a/100
c=a/10%10
d=a%10
输出三个变量 b，c，d

图 2-13　习题 2-1 N-S 流程图

C 源程序：（文件名：xt2-1.c）

```c
#include<stdio.h>
void main()
{
int a,b,c,d;
printf("输入一个 3 位十进制整数:\n");
scanf("%d",&a);
b=a/100;
c=a/10%10;
 d=a%10;
printf("百位数：%d\n 十位数:%d\n 个位数：%d\n",b,c,d);
}
```

运行结果见图 2-14。

图 2-14　习题 2-1 运行结果

2. 将"China"译成密码，密码规律是：用原来字母后面的第四个字母代替原来的字母。例如，字母"a"后面的第四个字母是"e"代替"a"。因此，"China"应译为"Glmre"。

分析：定义五个字符型变量，只要变量的值加 4 即可。也就是说，用赋初值的方法使 c1、c2、c3、c4、c5 五个变量的值分别为 'C'、'h'、'i'、'n'、'a'，经过运算后，使 c1、c2、c3、c4、c5 分别变为'G'、'l'、'm'、'r'、'e'，并输出。

C 源程序：（文件名：xt2-2.c）

```
#include <stdio.h>
int main()
{
char c1 = 'C';
char c2 = 'h';
char c3 = 'i';
char c4 = 'n';
char c5 = 'a';
 c1 = c1 + 4;
 c2 = c2 + 4;
 c3 = c3 + 4;
 c4 = c4 + 4;
 c5 = c5 + 4;
printf("密码是：%c%c%c%c%c\n",c1,c2,c3,c4,c5);
}
```

运行结果：

密码是：Glmre

第 3 章　程序设计基本结构——顺序结构

3.1　知识介绍

（1）顺序结构是最简单的程序结构，该结构中的每一条语句按照从上到下的顺序执行。

（2）C 语言的基本语句可以分为以下 5 类：

① 表达式语句：在表达式后加一个分号“；”构成表达式语句。

例如：c=a+b；就是一个合法的表达式语句。

② 控制语句：控制语句控制程序流程，完成特定的动作或功能。

例如：for()是一种循环语句。

③ 函数调用语句：由一个函数调用加一个分号“；”构成函数调用语句。

例如：getchar();

④ 空语句：空语句仅由一个分号构成，该语句什么操作也不执行。

例如：；就是一个空语句，空语句有时用来做循环语句的循环体。

⑤ 复合语句：由一对花括号{ }把一些语句括起来构成复合语句。

例如，下面的语句就是一个复合语句：

```
{
    int t;
    t=x;
    x=y;
    y=t;
}
```

（3）C 语言的输入/输出操作通过调用库函数来实现，在调用这些输入/输出函数时，文件开头需要用编译预处理命令：

#include <stdio.h>

① 格式化输入函数 scanf()。

scanf()函数的功能是从键盘上输入数据，输入的数据按指定的输入格式被赋给相应的输入项。scanf()函数的基本格式为：

scanf（格式控制，地址列表）;

“格式控制”以“%”开头，后边跟各种格式符，如“%d”表示按整型数据输入，“%f”表示按实型数据输入，“%c”表示按字符型数据输入。“地址列表”给出各变量的地址，由地址运算符“&”加变量名组成。在输入多个数据时，要注意输入数据间的间隔符。例如：

scanf("%d,%d",&a,&b);　　/*从键盘上输入 2 个数，以逗号间隔*/

scanf("%d%d",&a,&b);　　　/*从键盘上输入 2 个数，用空格或回车间隔*/

② 格式化输出函数 printf()。

printf()函数的功能是向计算机系统默认的输出设备（一般指终端或显示器）输出一个或多个任意类型的数据。printf()的基本格式为：

printf（格式控制，输出表列）；

"格式控制"用于指定输出格式，它由格式字符串、非格式字符串和转义字符组成。与scanf 函数类似，由%与格式符组成格式说明符，其作用是将数据转成指定的格式输出，如"%d"表示按整型数据输出，"%f"表示按实型数据输出，"%c"表示按字符型数据输出。非格式字符串按原样输出。"输出列表"是需要输出的数据，可以是常量、变量、表达式、函数返回值等。如果有多个输出项，则以逗号分隔。例如：

printf("%d, %c", a, b);　　/*格式字符串，输出一个整型变量和一个实型变量*/

printf("Welcome to you!");　　　/*非格式字符串，直接输出此语句*/

③ 字符输入函数 getchar()。

getchar()函数的功能是从系统默认的输入设备（如键盘）输入一个字符。getchar()的基本格式为：

getchar();

例如：ch=getchar( );　　　　　　/*从键盘读入一个字符给字符变量 ch*/

④ 字符输出函数 putchar()。

putchar()函数的作用是向终端输出一个字符。putchar()的基本格式为：

putchar(ch);　　/* ch 是一个字符变量或常量*/

例如：

putchar(ch);　　　　　　/*输出字符变量 ch*/

putchar('A');　　　　　　/*输出字母 A*/

（4）输入数据格式控制。

scanf()函数的"格式控制"以"%"开头，后边跟各种格式符。

① 可以指定输入数据所占的列数，系统自动按它截取所需数据。例如：

scanf("%3d,%3d",&a,&b);

输入：12345678↙

结果完成变量赋值：a=123，b=456；

② 在%后有一个"*"，表示跳过它指定的列数。例如：

scanf（"%*3d%2d%3d"，&a，&b）；

输入：12345678↙

结果完成变量赋值：a=45，b=678；

（5）输出数据格式控制。

printf()函数除了基本的格式控制外，还可以用下面的一些格式符和附加字符进行输出格式控制。

① %md 用于指定输出数据的宽度，如果数据的实际位数<m，则在左端补齐空格，如果数据的实际位数>m，则按实际位数输出，例如：

printf("%3d, %3d", a, b);

如果 a=12，b=4567，则输出结果为 12，4567。

② %m.nf用于指定输出的实数共占 m 列，其中有 n 位小数。如果数值长度<m，则在左端补齐空格，例如：

printf("%8.2f",a);

如果 a=123.456，则输出结果为 123.46。

③ 可以以不同的进制形式输出整数，例如：

printf("% o ",a);　　/*以八进制整数形式输出 a */

printf("% x ",a);　　/*以十六进制整数形式输出 a */

printf("% u ",a);　　/*以无符号的十进制整数形式输出 a */

3.2　简单 C 程序编程

3.2.1　实验目的

（1）掌握 C 语言顺序结构程序设计；

（2）掌握 scanf()、printf()、getchar()、putchar()函数的使用方法；

（3）掌握各种类型数据的输入输出的方法，能正确使用各种格式转换符；

（4）初步理解算法和结构化程序设计的基本概念。

3.2.2　实验内容

【例 3-1】 从键盘输入整型变量 x，y 的值，交换它们的值并输出。

分析：

（1）用 scanf()函数输入 x，y 的值；

（2）用第三个变量辅助交换 x，y 的值；

（3）用 printf()函数将交换后的 x，y 输出。

N-S 流程图见图 3-1。

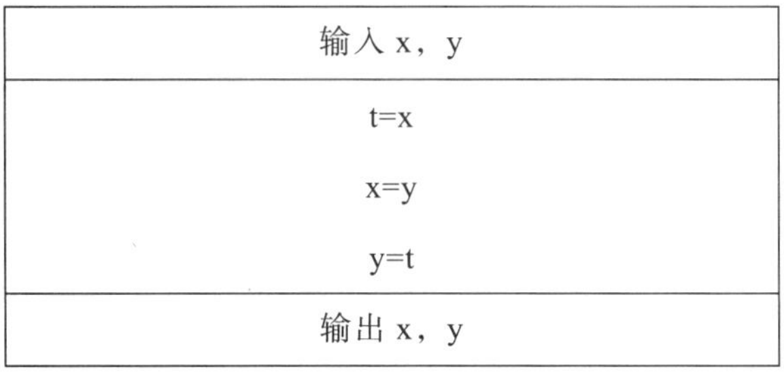

输入 x，y
t=x
x=y
y=t
输出 x，y

图 3-1　例 3-1 N-S 流程图

C 源程序（文件名 li3-1.c）：

```c
#include<stdio.h>
void main()
{
    int x,y,t;
```

```
printf("请输入两个整数：");
scanf("%d%d",&x,&y);
printf("交换前：x=%d,y=%d", x,y);
printf("\n");    //换行
t=x;
x=y;
y=t;
printf("交换后：x=%d,y=%d", x,y);
printf("\n");
}
```
运行结果 1 见图 3-2。

图 3-2 例 3-1 运行结果 1

运行结果 2 见图 3-3。

图 3-3 例 3-1 运行结果 2

☺举一反三

【实验 3-1】 用以上学习的方法进行三个值的交换。

【实验 3-2】 用以上学习的方法进行三个字母的交换

【例 3-2】 从键盘上输入摄氏温度，输出对应的华氏温度（保留 2 位小数），转换公式为
F=32+9*C/5。

分析：在 printf()函数中的指定输出的宽度和精度来实现保留 2 位小数。

N-S 流程图见图 3-4。

输入摄氏温度 c
f=32+9*c/5
输出华氏温度 f

图 3-4 例 3-2 N-S 流程图

C 源程序（文件名：li3-2.c）：

```c
#include<stdio.h>
void main(void)
{
    float c,f;
    printf("请输入摄氏温度：\n");
    scanf("%f",&c);
    f=32+9*c/5;
    printf("对应的华氏温度：%8.2f",f);
    printf("\n");
}
```

运行结果见图 3-5。

图 3-5　例 3-2 运行结果

☺举一反三

【实验 3-3】　假设圆半径为 r=2.8，求圆周长、面积（输出时取小数点后两位）。

【实验 3-4】　如将本例中的公式改为 f=32+9/5*c，观察结果，探究结果变化的原因。

【例 3-3】　编写程序使三个字符变量 x，y，z 分别得到字符 A，B，C，然后用不同的输出方式输出这三个字符。程序运行时，从键盘按 A↙B↙C↙的形式输入。

分析：

（1）用 getchar()函数分别将三个字符赋给变量 x，y，z；

（2）用 putchar()函数输出三个变量 x，y，z 的值；

（3）用 printf()函数输出三个变量 x，y，z 的值。

[N-S 流程图]（见图 3-6）：

x=getchar()
y=getchar()
z=getchar()
putchar(x)
putchar(y)
putchar(z)
用 printf()函数输出 x，y，z

图 3-6　例 3-3 N-S 流程图

C 源程序（文件名：li3-3.c）：

```c
#include<stdio.h>
void main(void)
{
    char x,y,z;
    printf("请输入三个字符：\n");
    x=getchar();
    getchar();
    y=getchar();
    getchar();
    z=getchar();
    getchar();
    printf("用 putchar()函数输出 x,y,z 的值：");
    putchar(x);
    putchar(y);
    putchar(z);
    printf("\n 用 printf()函数输出 x,y,z 的值：");
    printf("%c%c%c ",x,y,z);
    printf("\n");
}
```

运行结果（见图 3-7）：

图 3-7　例 3-3 运行结果

☺举一反三

【实验 3-5】 编写程序使三个字符变量 x，y，z 分别得到字符 A，B，C，然后分别用字符型和数值型输出这三个字符。

【实验 3-6】 编写程序使三个字符变量 x，y，z 分别得到字符 A，B，C，然后分别以八进制和十六进制输出 A+B+C 的值。

调试：

（1）注意定义变量的初始化，防止在程序当中使用未被赋值的变量。

（2）注意 C 语言将空格、制表符和回车键也作为字符处理，因此本程序需要用 getchar() 函数将回车键从缓冲取出。

（3）注意程序的阅读清晰性。

3.2.3   实验参考

【实验 3-1】

[分析]：思路与两个值交换的思路相同，都是利用一个临时变量来进行交换操作。

[N-S 流程图]：略。

C 源程序（文件名 sy3_1.c）：

```c
#include<stdio.h>
void main()
{
    int x,y,z,t;
    printf("请输入三个整数：");
    scanf("%d%d%d",&x,&y,&z);
    printf("交换前：x=%d,y=%d,z=%d", x,y,z);
    printf("\n");   //换行
    t=x;
    x=y;
    y=z;
    z=t;
    printf("交换后：x=%d,y=%d,z=%d", x,y,z);
    printf("\n");
}
```

运行结果（见图 3-8）：

图 3-8   实验 3-1 运行结果

【实验 3-2】

[分析]：思路与两个值交换的思路相同，都是利用一个临时变量来进行交换操作。

[N-S 流程图]：略。

C 源程序（文件名 sy3_2.c）：

```c
#include<stdio.h>
```

```
void main()
{
    char ch1,ch2,ch3,temp;
    printf("请连续输入三个字母：");
    scanf("%c%c%c",&ch1,&ch2,&ch3);
    printf("交换前：ch1=%c,ch2=%c,ch3=%c", ch1,ch2,ch3);
    printf("\n");    //换行
    temp=ch1;
    ch1=ch2;
    ch2=ch3;
    ch3=temp;
    printf("交换后：ch1=%c,ch2=%c,ch3=%c", ch1,ch2,ch3);
    printf("\n");
}
```

运行结果（见图 3-9）：

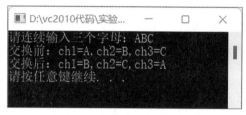

图 3-9　实验 3-2 运行结果

【实验 3-3】

[分析]：

（1）用 scanf()函数输入半径 r 的值；

（2）用公式 c=2*3.14*r 计算圆的周长；

（3）用公式 s=3.14*r*r 计算圆的面积；

（4）输出圆的周长和面积。

[N-S 流程图]：略。

C 源程序（文件名 sy3_3.c）：

```
#include <stdio.h>
void main()
{
    float r,c,s;
    printf("请输入圆的半径：");
    scanf("%f",&r);
    c=2*3.14*r;
    s=3.14*r*r;
    printf("圆的周长和面积分别是：");
```

```
    printf("c=%.2f,s=%.2f\n",c,s);
}
```

运行结果（见图 3-10）：

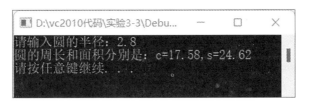

图 3-10　实验 3-3 运行结果

【实验 3-4】

[分析]：变换运算次序后需要考虑 C 语言中的整除。

[N-S 流程图]：略。

C 源程序（文件名 sy3_4.c）：

```
#include<stdio.h>
void main(void)
{
    float c,f;
    printf("请输入摄氏温度：\n");
scanf("%f",&c);
f=32+9/5*c;
    printf("对应的华氏温度：%-8.2f",f);
    printf("\n");
}
```

运行结果（见图 3-11）：

图 3-11　实验 3-4 运行结果

【实验 3-5】

[分析]：略。

[N-S 流程图]：略。

C 源程序（文件名 sy3_5.c）：

```
#include<stdio.h>
void main(void)
```

```c
{
    char x,y,z;
    printf("请输入三个字符：\n");
    x=getchar();
    getchar();
    y=getchar();
    getchar();
    z=getchar();
    getchar();
    printf("以字符型输出 x,y,z 的值：x=%c y=%c z=%c\n",x,y,z);
    printf("以 10 进制型输出 x,y,z 的值：x=%d y=%d z=%d",x,y,z);
    printf("\n");
}
```

运行结果（见图 3-12）：

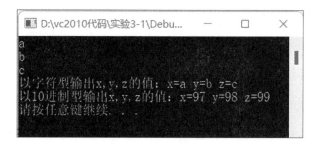

图 3-12　实验 3-5 运行结果

【实验 3-6】

[分析]：按照题目要求，输出的时候需要改变格式。

[N-S 流程图]：略。

C 源程序（文件名 sy3_6.c）：

```c
#include<stdio.h>
#include<Windows.h>
void main(void)
{
    char x,y,z;
    printf("请输入三个字符：\n");
    x=getchar();
    getchar();
    y=getchar();
```

```
getchar();
z=getchar();
getchar();
printf("以 8 进制型输出 x+y+z 的值:%o\n",x+y+z);
printf("以 16 进制型输出 x+y+z 的值:%x",x+y+z);
printf("\n");
system("pause");
}
```

运行结果（见图 3-13）:

图 3-13　实验 3-6 运行结果

3.3　教材习题答案

一、选择题

1 ~ 5：DDDBC   6 ~ 10：DDABA

二、填空题

1. 80

2. "%ld%lf%c"

3. 1

三、读程序，写结果

1. *□□□789000789789□□□789*

   #5.6860#□□5.68604.6□□□□

   135790c□□□135790f135790□□□

2. 1□□□□□□□0

3. 32

   16,15

4. 1245

5. 10300

6. 1B

7. aa□bb□□□cc□□□□□□abc

　　□□□□□□□□□A□N

四、改错题

1. 下面程序段有 3 处错误，请改正。

Main　　　　　　　　　　　　　　　改为 main()

{　　int a;

　　　float b;

　　　a=3,b=4.5;　　　　　　　　　改为 a=3;b=4.5;

　　　printf("%f%d\n",a,b);　　　　改为 printf("%d%f\n",a,b);

}

2. 下面程序段是把摄氏温度 c 转化为华氏温度 f，转化公式为 f=9c/5+32，有 4 处错误，请改正。

　　float c,f;

　　scanf("%f",c);　　　　　　　　改为 scanf("%f",&c);

　　f=(9/5)*c+32;　　　　　　　　改为 f=(9.0/5)*c+32;

　　print("c=%f,f=%f\n",&c,&f);　　改 printf("c=%f,f=%f\n",c,f);

3. 下面程序段有 3 处错误，请改正。

char b=Y;　　　　　　　　　　　　改为 char b='Y';

putchar('b');　　　/*输出变量 b 中的字符*/　改为 putchar(b);

putchar("\n");　　　　　　　　　　改为 putchar('\n');

4. 下面程序有 5 处语法错误，请改正。

main();

{　int x;

　　scanf("%d",&x);

　　int y;

　　y=5x;

printf("y=%d\n",Y)

}

修改后如下：

main()　　　　　　注意：这里没有分号

```
{   int x;
        int y;                注意：变量的定义要放在程序开始处。
scanf("%d",&x);
    y=5*x;
printf("y=%d\n",y);
}
```

第4章　选择结构程序设计

4.1　知识介绍

选择结构要解决的问题：根据某个条件是否满足来决定是否执行指定的操作任务，或者从给定的两种或多种操作中选择其一。选择结构又称分支结构，有二分支或多分支结构。这种结构根据条件判断结果，选择执行不同的程序分支。选择结构是程序的基本结构之一，几乎所有程序都包含选择结构。C语言中的选择程序设计有两种实现的形式：使用 if...else 进行判断；使用 switch...case 进行选择。

1. if 语句

if 选择结构语句有三种形式。

（1）第一种为单分支选择语句，其一般形式为：

if（表达式）语句

执行过程：先判断表达式的值，如果成立，则执行后面的语句，否则什么也不执行。

（2）第二种为双分支选择语句，其一般形式为：

if（表达式）

　　语句 1；

else

　　语句 2；

执行过程：先判断表达式的值，如果成立，执行语句 1，如果不成立，执行语句 2。

（3）第三种为多分支选择语句。

前两种形式的 if 语句一般都用于两个分支的情况。当有多个分支选择时，可采用 if-else-if 语句，其一般形式为：

if（表达式 1）

　　语句 1；

else if（表达式 2）

　　语句 2；

else if（表达式 3）

　　语句 3；

　　...

else if（表达式 n）

　　语句 n；

else

语句 n+1；

执行过程：依次判断表达式的值，当出现某个值为真时，则执行其对应的语句。然后跳到整个选择结构之外继续执行程序。如果所有的表达式均为假，则执行语句 n+1。然后继续执行后续程序。

实际上第二种 if 语句是 if 语句的嵌套形式。我们可以把第一个判断的 else 部分看成是一个内嵌语句，它本身是一个语句，而且可以依此类推，即可写成：

```
if（表达式 1）        语句 1；
else{if（表达式 2）    语句 2；
else{if（表达式 3）    语句 3；
……
else{if（表达式 n）    语句 n；
else 语句 n+1；}…}}
```

[注意]：

（1）if 之后的条件，必须以"（表达式）"的形式出现，即括号不可少，而表达式可为任意表达式，可以是关系表达式或逻辑表达式，也可以为其他表达式。

（2）在后两种 if 语句中，有多个内嵌语句，每个内嵌语句都必须以";"结束。

（3）三种形式的 if 语句中内嵌语句处只能有一个语句。如果要用 n 个语句，则必须使用 {} 将它们组成一个复合语句。

2. switch 语句

switch 语句是 C 语言中另一种用于多分支的选择结构，其一般形式为：

```
switch（表达式）
{
    case 常量表达式 1：语句序列 1；
    case 常量表达式 2：语句序列 2；
    ……
    case 常量表达式 n：语句序列 n；
    default：语句序列 n+1；
}
```

执行过程：计算表达式的值，并逐个与其后的常量表达式相比较，当表达式的值与某个常量表达式的值相等时，执行其后的语句，然后不再进行判断，继续执行后面所有 case 后的语句。如果没有一个 case 后面的"常量表达式"的值，与"表达式"的值相匹配，则执行 default 后面的语句（组）。然后，再执行 switch 语句的下一条。

[注意]：

（1）switch 语句是 C 语言的关键字，switch 后面用花括号括起来的部分称为 switch 语句体。紧跟在 switch 后一对圆括号中的表达式可以是整型表达式及字符型表达式。表达式两边的一对括号不能省略。

（2）case 也是关键字，与其后面的常量表达式合称 case 语句标号。常量表达式的类型必须与 switch 后面圆括号中的表达式类型相同，各 case 语句标号的值应该互不相同。case 语句标号后的语句 1、语句 2 等，可以是一条语句，也可以是若干语句。必要时，case 语句标号后的语句可以省略不写。

（3）default 也是关键字，起标号的作用，代表所有 case 标号之外的那些标号。default 标号可以出现在语句体中任何标号位置上。在 switch 语句中也可以没有 default 标号。

（4）在关键字 case 和常量表达式之间一定要有空格，例如 case 10：不能写成 case10：。

3. 语句的嵌套

当 if 语句中的执行语句又是 if 语句时，则构成了 if 语句的嵌套情形。

其一般形式可表示如下：

    if（表达式）
        if 语句；

或者为

    if（表达式）
        if 语句；
    else
        if 语句；

第二种表示具有二义性，为了避免这种二义性，C 语言规定，else 总是与它前面最近的 if 配对。

4. 条件表达式构成的选择结构

C 语言另外还提供了一个特殊的运算符——条件运算符，由此构成的表达式也可以形成简单的选择结构，这种选择结构能以表达式的形式内嵌在允许出现表达式的地方，使得可以根据不同的条件使用不同的数据参与运算。它的运算符符号是 "?:"。这是 C 语言提供的唯一的三目运算符，即要求有三个运算对象。它的表达式形式如下：

表达式 1?表达式 2：表达式 3

条件表达式的运算功能，当 "表达式 1" 的值为非零时，"表达式 2" 的值就是整个条件表达式的值；当 "表达式 1" 的值为零时，"表达式 3" 的值作为整个条件表达式的值。此运算符优先于赋值运算符，但低于关系运算符与算术运算符。例如有如下表达式：

    y=x>10 ? 100：200

首先要求出条件表达式的值，然后赋给 y。在条件表达式中，要先求出 x>10 的值。若 x 大于 10，取 100 作为表达式的值并赋予变量 y；若 x 小于或等于 10，则取 200 作为表达式的值并赋予变量 y。

4.2　简单函数的定义及调用

4.2.1　实验目的

（1）学会正确使用逻辑运算符和逻辑表达式；

（2）掌握 if 选择结构的格式及执行过程；

（3）正确理解选择结构的嵌套、用法。

4.2.2 实验内容

【例 4-1】 编写程序判断输入的正整数是否既是 5 的整倍数又是 7 的整倍数。若是则输出 yes，否则输出 no。

[N-S 流程图]（见图 4-1）：

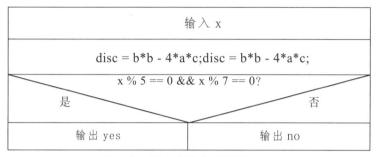

图 4-1 例 4-1 N-S 流程图

C 源程序（文件名 li4_1.c）：

```c
#include <stdio.h>
void main()
{
    int x;
    printf("input integer number:");
    scanf("%d", &x);
    if (x % 5 == 0 && x % 7 == 0)
        printf("yes\n");
    else
        printf("no\n");
}
```

运行结果（见图 4-2）：

图 4-2 例 4-1 运行结果

☺举一反三

【实验 4-1】 编写程序，要求输入整数 x、y 和 z，若 $x^2 + y^2 + z^2$ 大于 1000，则输出 $x^2 + y^2 + z^2$ 千位以上的数字，否则输出三个数字之和。

【例 4-2】 找出 x，y，z 三个数中的最小数，并判断该数是否等于 b。

[分析]：首先找到最小的值，再将此值和 b 进行比较。本程序可以结合条件运算符完成。

C 源程序（文件名 li4_2.c）：

```
#include <stdio.h>
void main()
{
    int x, y, z, b;
    int u,v;
    printf("请输入三个数：\n");
    scanf("%d%d%d", &x, &y, &z);
    printf("请输入 b：\n");
    scanf("%d", &b);
    u = x < y ? x:y;
    v = u < z ? u:z;
    if (y == b)
        printf("最小数等于 b!\n");
    else
        printf("最小数不等于 b!\n");
}
```

运行结果（见图 4-3）：

图 4-3　例 4-2 运行结果

☺举一反三

【实验 4-2】　输入三个数 a，b，c，要求输出这三个数组成的最大数与最小数的差。

【实验 4-3】　输入三个整数 x，y，z，请把这三个数由大到小输出。

【例 4-3】　根据输入字符的 ASCII 码来判别字符的类别。由 ASCII 码表可知 ASCII 值小于 32 的为控制字符。在 "0" 和 "9" 之间的为数字，在 "A" 和 "Z" 之间为大写字母，在 "a" 和 "z" 之间为小写字母，其余则为其他字符。

[分析]：输入某字符后，根据其值判断字符类型。

C 源程序（文件名 li4_3.c）：

```
#include <stdio.h>
int main(){
    char c;
    printf("input a character: ");
```

```
    c = getchar();
    if(c<32)
        printf("This is a control character\n");
    if (c >= '0'&&c<='9')
        printf("This is a digit\n");
    else if (c >= 'A'&&c <= 'Z')
        printf("This is a capital letter\n");
    else if (c >= 'a'&&c <= 'z')
        printf("This is a small letter\n");
    else printf("This is an other character\n");
}
```
运行结果（见图 4-4）：

图 4-4　例 4-3 运行结果

☺举一反三

【实验 4-4】 从键盘上输入一个字符，如果它是大写字母，则把它转换成小写字母输出；否则直接输出。

【实验 4-5】 输入两个运算数和四则运算符号，输出该运算结果的值，例如输入 3+5↙ 得到结果 8。

4.2.3　实验参考

【实验 4-1】 编写程序，要求输入整数 x、y 和 z，若 $x^2 + y^2 + z^2$ 大于 1000，则输出 $x^2 + y^2 + z^2$ 千位以上的数字，否则输出三个数字之和。

[N-S 流程图]（见图 4-5）：

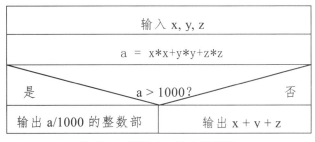

图 4-5　实验 4-1 N-S 流程图

C 源程序（文件名 sy4_1.c）：

```
#include <stdio.h>
void main()
```

```
{
    int x, y, z, a, b;
    scanf("%d%d%d", &x, &y, &z);
        a = x*x+y*y+z*z;
    if (a > 1000)
    {
        b = a / 1000;
        printf("%d\n", b);
    }
    else printf("%d\n", x + y + z);
}
```

运行结果（见图 4-6 ）：

图 4-6   实验 4-1 运行结果

【实验 4-2 】 输入三个数 a，b，c，要求输出这三个数组成的最大数与最小数的差。

[分析]：先将 a 和 b 进行比较，若 a 大于 b，则 a 和 b 交换，交换后 a 是原先 a、b 中的较小者，再将 a 和 c 进行比较，若 a 大于 c，则再进行一次对换，此时 a 是三者中的最小者，最后 b、c 进行比较，若 b 大于 c 则进行一次对换，对换后 b 是 b、c 中较小者，最后顺序输出 a，b，c。

[N-S 流程图] （见图 4-7 ）：

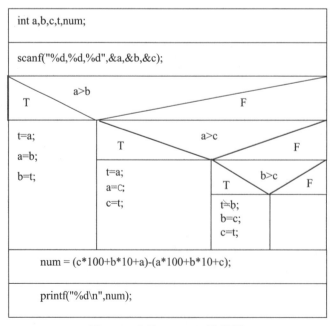

图 4-7   实验 4-2 N-S 流程图

C 源程序：（文件名 sy4_2.c）

```c
#include<stdio.h>
int main()
{
    int a,b,c,t,num;
    printf("Input three numbers:");
    scanf("%d%d%d",&a,&b,&c);
    if(a>b)
    {
        t=a;
        a=b;
        b=t;
    }
    if(a>c)
    {
        t=a;
        a=c;
        c=t;
    }
    if(b>c)
    {
        t=b;
        b=c;
        c=t;
    }
    num = (c*100+b*10+a)-(a*100+b*10+c);
    printf("%d\n",num);
}
```

运行结果（见图 4-8）：

图 4-8 实验 4-2 运行结果

【实验 4-3】 输入三个整数 x，y，z，请把这三个数由大到小输出。

[分析]：想办法把最大的数放到 x 上，先将 x 与 y 进行比较，如果 x<y 则将 x 与 y 的值进行交换，然后再用 x 与 z 进行比较，如果 x<z，则将 x 与 z 的值进行交换，这样能使 x 最

大，再将 y 与 z 进行比较，若 y<z，则将 y 与 z 的值进行交换，这样能使 z 的值最小，y 的值
为三个数的中位数。

C 源程序（文件名 sy4_3_1.c）：

```c
#include<stdio.h>
void main()
{
    int x,y,z,t;
    printf("Input three numbers:");
    scanf("%d%d%d",&x,&y,&z);
    if(x<y)
    {
        t=x;x=y;y=t;
    }
    if(x<z)
    {
        t=z;z=x;x=t;
    }
    if(y<z)
    {
        t=y;y=z;z=t;
    }
    printf("big to small:%d, %d, %d\n",x,y,z);
}
```

运行结果（见图 4-9）：

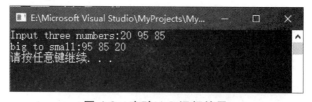

图 4-9　实验 4-3 运行结果

对于这类题，解决方法很多。在这里还可以通过 if 的嵌套来实现数的交换。

C 源程序（文件名 sy4_3_2.c）：

```c
#include<stdio.h>
void main()
{
    int x,y,z,t;
    printf("Input three numbers:");
    scanf("%d%d%d",&x,&y,&z);
```

```
        if(x<y)
        {t=x;x=y;y=t; }
        if(y<z)
        {
            t=y;y=z;z=t;
            if(x<y)
            {t=x;x=y;y=t; }
        }
        printf("big to small:%d, %d, %d\n",x,y,z);
}
```

运行结果（见图 4-10）：

图 4-10　实验 4-3 运行结果

【实验 4-4】 从键盘上输入一个字符，如果它是大写字母，则把它转换成小写字母输出；否则直接输出。

[分析]：利用双分支选择结构实现，通过判断表达式的值选择执行语句。

[N-S 流程图]（见图 4-11）：

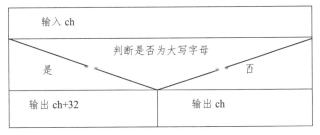

图 4-11　实验 4-4 N-S 流程图

C 源程序：（文件名 sy4_4.c）

```
#include<stdio.h>
void main()
{
    char ch;
    printf("Input a character:");
    scanf("%c",&ch);
    ch=(ch>='A'&&ch<='Z')?(ch+32):ch;
    printf("ch=%c\n",ch);
}
```

运行结果（见图 4-12）：

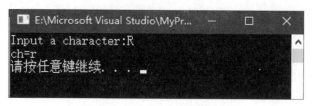

图 4-12　实验 4-4 运行结果

【**实验 4-5**】 输入两个运算数和四则运算符号，输出该运算结果的值，例如输入 3+5↙ 得到结果 8。

[分析]：输入格式为：data1 op data2。其中 data1 和 data2 是参加运算的两个数，op 为运算符，它的取值只能是+、-、*、/。其中除法运算的除数不能为 0。

C 源程序（文件名 sy4_5.c）：

```c
#include<stdio.h>
void main()
{
    float data1, data2;
    char op;
    printf("Enter your expression:");
    scanf("%f%c%f", &data1, &op, &data2);
    switch (op)
    {
    case '+':
        printf("%.2f+%.2f=%.2f\n", data1, data2, data1 + data2); break;
    case '-':
        printf("%.2f-%.2f=%.2f\n", data1, data2, data1 - data2); break;
    case '*':
        printf("%.2f*%.2f=%.2f\n", data1, data2, data1*data2); break;
    case '/':
        if (data2 == 0)
            printf("Division by zero.\n");
        else
            printf("%.2f/%.2f=%.2f\n", data1, data2, data1 / data2);    break;
    default:
        printf("Unknown operater.\n");
    }
}
```

运行结果（见图 4-13）：

图 4-13　实验 4-5 运行结果

4.3　switch 语句使用

4.3.1　实验目的

（1）学会正确使用逻辑运算符和逻辑表达式；
（2）掌握 switch 选择结构的格式及执行过程。

4.3.2　实验内容

【例 4-4】　输入星期的阿拉伯数字，显示出英文的星期结果。

[分析]：输入数字的值依次与 1 ~ 7 作对比，输出对应的星期，因此选择 Switch 语句编程。

C 源程序（文件名 li4_4.c）：

```c
#include <stdio.h>
void main()
{
    int a;
    printf("input integer number:");
    scanf("%d", &a);
    switch (a)
    {
    case 1: printf("Monday\n");break;
    case 2: printf("Tuesday\n");break;
    case 3: printf("Wednesday\n");break;
    case 4: printf("Thursday\n");break;
    case 5: printf("Friday\n");break;
    case 6: printf("Saturday\n");break;
    case 7: printf("Sunday\n");break;
    default: printf("error\n");
    }
}
```

运行结果（见图 4-14）：

图 4-14　例 4-4 运行结果

☺举一反三

【实验 4-6】 输入百分制成绩，要求输出成绩等级"优""良""中""及格""不及格"。其中 90 分以上为"优"，80 分以上为"良"，70 以上为"中"，60 分以上为"及格"，60 以下为"不及格"。当输入数据大于 100 或小于 0 时，通知用户"输入数据错"，程序结束。

【例 4-5】 从键盘输入 x 的值，计算以下分段函数。

$$
\begin{cases}
4x+1 & x<2 \\
3x+1 & 2 \leqslant x \leqslant 8 \\
2x-2 & 8 \leqslant x
\end{cases}
$$

分析：对于这道题，方法很多，关键是要把思路分析清楚。以下介绍几种不同方法。

方法一：用单分支结构实现。

源程序：（文件名 li4_5_1.c）

```
#include<stdio.h>
void main()
{
    int x,y;
    scanf("%d",&x);
    if(x<2)
        y=4*x+1;
    if(x>=2&&x<8)
        y=3*x+1;
    if(x>=8)
        y=2*x-2;
    printf("x=%d,y=%d\n",x,y);
}
```

运行结果（见图 4-15）：

```
3
x=3,y=10
Press any key to continue
```

图 4-15　例 4-5 运行结果 1

方法二：用多分支结构实现。

C 源程序：（文件名 li4_5_2.c）

```
#include<stdio.h>
void main()
{
    int x,y;
    scanf("%d",&x);
    if(x<2)
        y=4*x+1;
    else
        if(x>=2&&x<8)
            y=3*x+1;
        else
            y=2*x-2;
    printf("x=%d,y=%d\n",x,y);
}
```

运行结果（见图 4-16）：

图 4-16　例 4-5 运行结果 2

方法三：用选择结构的嵌套实现。

C 源程序：（文件名 li4_5_3.c）

```
#include<stdio.h>
void main()
{
    int x,y;
    scanf("%d",&x);
    if(x<8)
        if(x>=2)
            y=3*x+1;
        else
            y=4*x+1;
    else
        y=2*x-2;
    printf("x=%d,y=%d\n",x,y);
}
```

运行结果（见图 4-17）：

图 4-17 例 4-5 运行结果 3

☺举一反三

【实验 4-7】 计算分段函数的值：

$$y = \begin{cases} x+2 & x<0 \\ 3x-4 & 0 \leqslant x<1 \\ 0 & 1 \leqslant x<2 \\ x & x \geqslant 2 \end{cases}$$

4.3.3 实验参考

【实验 4-6】 输入百分制成绩，要求输出成绩等级"优""良""中""及格""不及格"。其中 90 分以上为"优"，80 分以上为"良"，70 以上为"中"，60 分以上为"及格"，60 以下为"不及格"。当输入数据大于 100 或小于 0 时，通知用户"输入数据错"，程序结束。

[分析]：使用 if 语句直接对成绩进行一个选择判读，选择 switch 对一个区间内进行一个判断。

C 源程序：（文件名：sh4_6.c）

```c
#include<stdio.h>
void main()
{
    int cj,i;
    printf("请输入成绩：");
    scanf("%d",&cj);
    if(cj>100||cj<0)
        printf("输入数据有误！\n");
    else
    {
        i=cj/10;
        switch(i)
        {
            case 10:
            case 9:printf("成绩为：优\n");break;
            case 8:printf("成绩为：良\n");break;
            case 7:printf("成绩为：中\n");break;
            case 6:printf("成绩为：及格\n");break;
            default:printf("成绩为：不及格\n");break;
```

```
        }
    }
}
```
运行结果（见图 4-18）：

图 4-18　实验 4-6 运行结果

【**实验 4-7**】　计算分段函数的值：

$$y = \begin{cases} x+2 & x < 0 \\ 3x-4 & 0 \leqslant x < 1 \\ 0 & 1 \leqslant x < 2 \\ x & x \geqslant 2 \end{cases}$$

[分析]：采用多分支选择结构实现。

N-S 流程图（见图 4-19）：

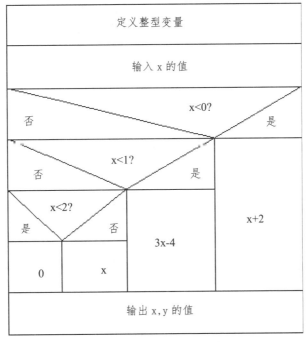

图 4-19　实验 4-10 N-S 流程图

C 源程序：（文件名：sy4_7.c）

```c
#include<stdio.h>
void main()
{
```

```
        int x,y;
        scanf("%d",&x);
        if(x<0)
            y=x+2;
        else
            if(x<1)
                y=3*x-4;
            else
                if(x<2)
                    y=0;
                else
                    y=x;
        printf("x=%d,y=%d\n",x,y);
    }
```
运行结果（见图 4-20）：

图 4-20   实验 4-10 运行结果

4.4   教材习题答案

一、选择题

1 ~ 5   CCBDB   6 ~ 10   BCAAD

二、填空题

1. 1，0

2. ch>='A'&&ch<='Z'   ch=ch-32

3. c=c+5   c>='f'&&c<='z'   c=c-21

4. 1

5. A)x<=0，B)x<0||x>0

6. &n，n%2==0&&n%3==0

三、编程题

1. C 源程序：（文件名：xt4_1.c）

```
    void main()
    {
        int year, month, day,sum,leap;
        printf("需要判断的时间（年，月，日）: ");
```

```
        scanf("%d,%d,%d", &year, &month, &day);
        printf("\n");
        switch (month){
            case 1:sum = 0; break;
            case 2:sum = 31; break;
            case 3:sum = 59; break;
            case 4:sum = 90; break;
            case 5:sum = 120; break;
            case 6:sum = 151; break;
            case 7:sum = 181; break;
            case 8:sum = 212; break;
            case 9:sum = 243; break;
            case 10:sum = 273; break;
            case 11:sum = 304; break;
            case 12:sum = 334; break;
            default:printf("输入日期格式错误\n");
        }
        sum = sum + day;
        if (year % 400 == 0 || (year % 4 == 0 && year % 100 != 0)) {
            leap = 1;
        }
        else{
            leap = 0;
        }
        if (leap == 1 && month > 2) {
            sum = sum + 1;
        }
        printf("这是%d 年的第%d 天\n", year, sum);
    }
```

2. C 源程序:（文件名：xt4_2.c）

```
    #include <stdio.h>
    void main(){
    char ch;
    printf("请输入一个字符");
    scanf("%c",&ch);
    if(ch>='a'&&ch<='z'||ch>='A'&&ch<='Z')//字母的取值范围
```

```
printf("%c 是一个字母\n",ch);
else if(ch>='0'&&ch<='9')//数字的取值范围
printf("%c 是一个数字\n",ch);
else
printf("%c 是一个特殊字符\n",ch);
}
```

第 5 章　循环结构程序设计

5.1　知识介绍

5.1.1　循环结构的基本概念

　　C 源程序中的循环结构指的是某几行代码被重复执行的操作。循环分为两类：while 循环、for 循环。它通过判断给定的条件，如果条件成立，则重复执行某一些语句；否则结束循环。使用循环可以避免重复不必要的步骤，简化算法。循环结构是程序中一种很重要的结构。C 语言提供了多种循环语句，可以组成各种不同形式的循环结构。

5.1.2　循环格式

　　1. while 语句

　　语句格式：

　　　　　　　while　<条件表达式>　语句

　　while 循环又称当循环，其中表达式是循环的条件，语句为循环体。

　　循环体语句可以是一条，也可以是多条，多条的时候应用复合语句{}将多条语句括起来。

　　while 语句的语义是：计算表达式的值，当值为真（非 0）时，执行循环体语句。其执行过程可用图 5-1 表示。

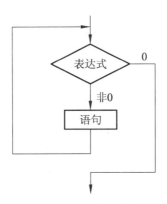

图 5-1　while 循环流程图

　　首先计算<表达式>的值，判断条件是否成立。若条件为 True，则执行语句（循环体），当循环体执行完后，将控制返回到 while 语句，并对<条件表达式>进行再次测试，如果仍为 True，则继续执行循环体；如果<条件表达式>的值为 False，则退出循环，执行循环体后面的语句。while 循环用于循环次数不确定，但控制条件可知的场合。它可以根据给定条件的成立与否决定程序的流程。

2. do-while 语句

语句格式：

```
do
语句
while（表达式）;
```

其中语句是循环体，表达式是循环条件。

其执行过程可用图 5-2 表示。先执行循环体语句一次，再判别表达式的值，若为真（非0）则继续循环，否则终止循环。

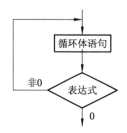

图 5-2　do while 循环流程图

do-while 语句和 while 语句的区别在于 do-while 是先执行后判断，因此 do-while 至少要执行一次循环体。而 while 是先判断后执行，如果条件不满足，则一次循环体语句也不执行。

3. for 语句

语句格式：

```
for（表达式 1；表达式 2；表达式 3）语句
```

其执行过程可用图 5-3 表示。具体为：

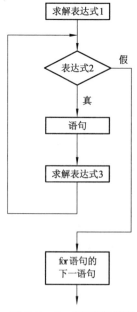

图 5-3　for 循环流程图

a. 先求解表达式 1。

b. 求解表达式 2，若其值为真（非 0），则执行 for 语句中指定的内嵌语句，然后执行下面第 3 步；若其值为假（0），则结束循环，转到第 5 步。

c. 求解表达式 3。

d. 转回上面第 2 步继续执行。

e. 循环结束，执行 for 语句下面的一个语句。

5.1.3　多重循环

循环体内又出现循环结构称为循环嵌套或多重循环，用于较复杂的循环问题。前面介绍的几种基本循环结构都可以相互嵌套。计算多重循环的次数为每一重循环次数的乘积。

这种嵌套过程可以有很多重。一个循环外面仅包围一层循环叫二重循环；一个循环外面包围两层循环叫三重循环；一个循环外面包围多层循环叫多重循环。

三种循环语句 for、while、do...while 可以互相嵌套自由组合。但要注意的是，各循环必须完整，相互之间绝不允许交叉。

5.1.4　break 和 continue 语句

有时，我们需要在循环体中提前跳出循环，或者在满足某种条件下，不执行循环中剩下的语句而立即从头开始新的一轮循环，这时就要用到 break 和 continue 语句。

break 语句用于 do-while、for、while 循环语句中时，可使程序终止循环而执行循环后面的语句，通常 break 语句总是与 if 语句联在一起，即满足条件时便跳出循环。

continue 语句的作用是跳过循环本中剩余的语句而强行执行下一次循环。continue 语句只用在 for、while、do-while 等循环体中，常与 if 条件语句一起使用，用来加速循环。

5.1.5　循环使用过程中应该注意的几点

（1）for 语句主要用于给定循环变量初值、步长增量以及循环次数的循环结构。

（2）循环次数及控制条件要在循环过程中才能确定的循环可用 while 或 do-while 语句。

（3）三种循环语句可以相互嵌套组成多重循环。循环之间可以并列但不能交叉。

（4）可用转移语句把流程转出循环体外，但不能从外面转向循环体内。

（5）在循环程序中应避免出现死循环，即应保证循环变量的值在运行过程中可以得到修改，并使循环条件逐步变为假，从而结束循环。

5.2　while 语句使用

5.2.1　实验目的

（1）掌握 while 循环语句的使用与执行过程；

（2）熟练掌握指定次数的循环程序设计方法；

（3）学会确定循环条件和循环体；

（4）掌握多重循环的条件设置及使用；

（5）掌握如何控制循环条件，防止死循环或不循环。

5.2.2　实验内容

【例 5-1】　用 while 循环语句编程实现 n 的阶乘。

[分析]：n!=n*(n-1)*(n-2)*…*2*1（约定：n≥0，0!=1）计算机在计算阶乘时，是从 1 开始计算直到 n 为止。用 i 代表循环变量，s 代表 n!的结果值，则循环计算表达式 s=s*i，即可求得 n!。

C 源程序（文件名 li5_1.c）：

```c
#include<stdio.h>
void main()
{
    int i, n, sum = 1;
    printf("input n: ");
    scanf("%d", &n);
    i = 1;
    while (i <= n)
    {
        sum = sum*i;
        i++;
    }
    printf("%d\n", sum);
}
```

运行结果（见图 5-4）：

图 5-4　例 5-1 运行结果

☺举一反三

【实验 5-1】　编写程序，求 s=1/(1+2)+1/(2+3)+1/(3+4)+……的值。

5.2.3　实验参考

【实验 5-1】　编写程序，求 s=1/(1+2)+1/(2+3)+1/(3+4)+……的值。

[分析]：求和 s=s+1/（i+（i+1）），i 也为循环控制变量。

[N-S 流程图]（见图 5-5）：

float sum = 0;
输入 n
while (i <= n)
sum = sum + 1.0 / (i+(i + 1));
i++
printf("s=%f\n", sum);

图 5-5　实验 5-1 N-S 流程图

C 源程序（文件名 sy5_1.c）:

```c
#include<stdio.h>
void main()
{
    int i = 1,n;
    float sum = 0;
    printf("input integer number:");
    scanf("%d", &n);
    while (i <= n)
    {
        sum = sum + 1.0 / (i + (i + 1));
        i++;
    }
    printf("s=%f\n", sum);
}
```

运行结果（见图 5-6）:

图 5-6　实验 5-1 运行结果

5.3　do-while 语句使用

5.3.1　实验目的

（1）掌握 do-while 循环语句的使用与执行过程；

（2）熟悉掌握指定次数的循环程序设计方法；

（3）学会确定循环条件和循环体；

（4）掌握多重循环的条件设置及使用；

（5）掌握如何控制循环条件，防止死循环或不循环。

5.3.2　实验内容

do-while 语句和 while 语句的区别在于 do-while 是先执行后判断，因此 do-while 至少要执行一次循环体。而 while 是先判断后执行，如果条件不满足，则一次循环体语句也不执行。while 语句和 do-while 语句一般都可以相互改写。

【例 5-2】　编写一个 sum 函数求和：输入一个正整数 n，统计不大于 n 值的所有正偶数的和。

[分析]：do-while 循环会在条件判断前执行一遍循环体。

[N-S 流程图]（见图 5-7）：

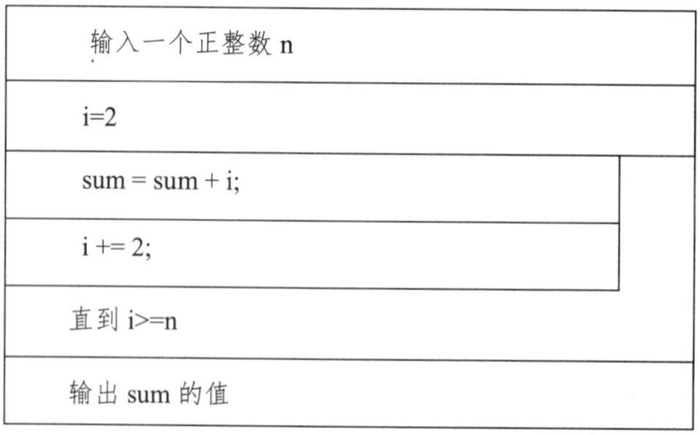

图 5-7　例 5-2 N-S 流程图

C 源程序（文件名 li5_2.c）：

```c
#include<stdio.h>
void main()
{
    int n, sum = 0, i;
    printf("请输入一个正整数：");
    scanf("%d", &n);
    i = 2;
    do
    {
        sum = sum + i; i += 2;
    } while (i<n);
    printf("%d\n", sum);
}
```

运行结果（见图 5-8）：

图 5-8 例 5-2 运行结果

☺举一反三

【实验 5-2】 编写程序求出 123456 的约数中最大的三位数是多少。

【实验 5-3】 用 do-while 循环结构编程实现 n 的阶乘。

5.3.2 实验参考

【实验 5-2】 编写程序求出 123456 的约数中最大的三位数是多少。

[分析]：可以用循环结构嵌套一个选择结构完成程序设计。

[N-S 流程图]（见图 5-9）：

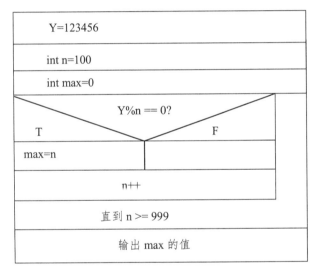

图 5-9 实验 5-2 N-S 流程图

C 源程序（文件名 sy5_2.c）：

```c
#include<stdio.h>
#define Y 123456
void main()
{
    int n = 100;
    int max = 0;
    do{
```

```
        if (Y%n == 0)
            max = n;
            n++;
    } while (n < 999);
    printf("%d\n", max);
}
```

运行结果（见图 5-10）：

图 5-10 实验 5-2 运行结果

【**实验 5-3**】 用 do-while 循环结构编程实现 n 的阶乘。

[分析]：执行顺序和 while 循环不同，两种循环可以互相转化。

C 源程序（文件名 sy5_3.c）：

```c
#include<stdio.h>
void main()
{
    int i, n, sum = 1;
    printf("input n: ");
    scanf("%d", &n);
    i = 1;
    do
    {
        sum = sum*i;
        i++;
    } while (i <= n);
    printf("%d\n", sum);
}
```

运行结果（见图 5-11）：

图 5-11 实验 5-3 运行结果

5.4 for 语句使用

5.4.1 实验目的

（1）掌握 for 语句的使用与执行过程；
（2）熟悉掌握指定次数的循环程序设计方法；
（3）学会确定循环条件和循环体；
（4）掌握多重循环的条件设置及使用；
（5）掌握如何控制循环条件，防止死循环或不循环；
（6）掌握常规数据处理方法，如求平均值、极值、求解不定方程、阶乘、最大公约数等；
（7）掌握穷举、迭代、递推等常用算法。

5.4.2 实验内容

【例 5-3】 编写程序，计算阶乘 10!的值。

[分析] 10!=9*8*…*2*1 计算机在计算阶乘时，是从 1 开始一个一个乘到 10 为止，即 n!=n*(n-1)!。用 i 代表循环变量，s 代表 n!的结果值，则循环计算表达式 s=s*i，即可求得 10!。

[N-S 流程图]（见图 5-12）：

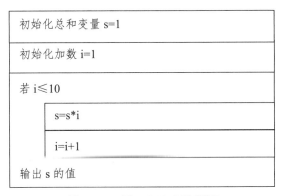

图 5-12 例 5-3 N-S 流程图

C 源程序：（文件名：li5_3.c）

```
#include <stdio.h>
main()
{
    int i=1;
    long s=1;
    while(i<=10)
    {
        s=s*i;
        i++;
    }
```

```
    printf("10!=%ld\n",s);
}
```

运行结果（见图 5-13）：

图 5-13　例 5-3 运行结果

☺举一反三

【实验 5-4】 编写程序，求 s=1/(1*2)+1/(2*3)+1/(3*4)+……前 50 项之和。

【例 5-4】 输入一个整数，求它的位数。例如，123 的位数是 3。
C 源程序：（文件名：li5_4.c）

```
#include "stdio.h"
main()
{
    int i=0,n;
    printf("Enter n:");
    scanf("%d",&n);
    do
    {
        n=n/10;
        i++;            /*i 用来统计位数*/
    }while(n);          /* while(n)等价于 while(n!=0)*/
    printf("i=%d\n",i);
}
```

运行结果（见图 5-14）：

图 5-14　例 5-4 运行结果

☺举一反三

【实验 5-5】 输入一个整数，求它的位数以及各位数字之和。例如，345 的位数是 3，各位数字之和是 12。

【实验 5-6】 输入 N 个正整数，统计出其中奇数和偶数各有多少个。

【**实验 5-7**】 从键盘输入一批学生的成绩（以负数为结束标志），计算平均分，并统计不及格成绩的个数。

【**例 5-5**】 编写一个函数计算 2023 以内最大的 10 个能被 13 或 17 整除的自然数之和。要求使用 break 跳出循环。

[分析]：因为要求最大的十个数，则循环的第一个数为 2023，依次递减。跳出循环的条件为找到了十个满足条件的数，因此需要 count 来计数。

[N-S 流程图]（见图 5-15）：

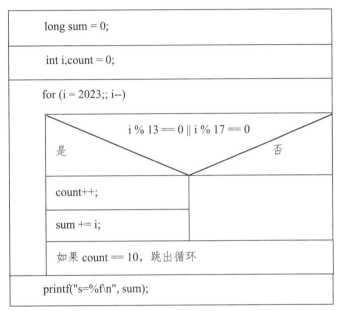

图 5-15　例 5-5 N-S 流程图

C 源程序（文件名 113_5.c）：

```c
#include<stdio.h>
void main()
{
    long sum = 0;
    int i, count = 0;
    for (i = 2023;; i--)
    {
        if (i % 13 == 0 || i % 17 == 0)
        {
            count++;
            sum += i;
        }
        if (count == 10)
```

```
        break;
    }
    printf("sum=%ld\n", sum);
}
```
运行结果（见图 5-16）：

图 5-16   例 5-5 运行结果

☺举一反三

【实验 5-8】 编写程序，半径取整数时，输出所有面积在 100 m^2 以内的半径值和圆面积的值，并输出第 1 个大于 100 的圆半径和圆面积。

【例 5-6】 一个球从 100 m 高度自由落下，每次落地后反跳回原高度的一半，再落下，再反弹。求它在第 10 次落地时，共经过多少米，第 10 次反弹多高。

[N-S 流程图]（见图 5-17）：

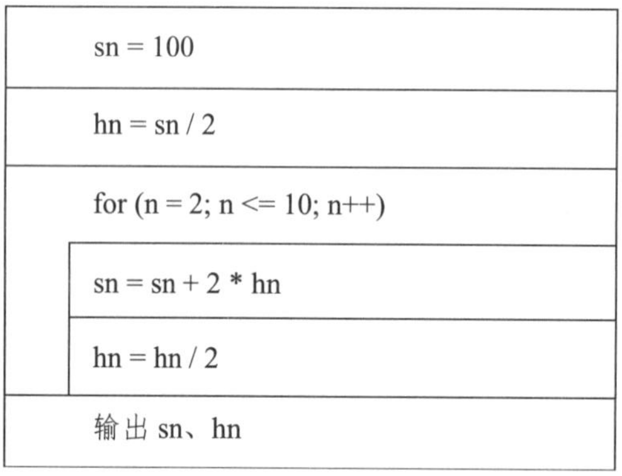

sn = 100
hn = sn / 2
for (n = 2; n <= 10; n++)
sn = sn + 2 * hn
hn = hn / 2
输出 sn、hn

图 5-17   例 5-6 N-S 流程图

C 源程序（文件名 li5_6.c）：

```c
#include<stdio.h>
void main()
{
    double sn = 100, hn = sn / 2;
    int n;
    for (n = 2; n <= 10; n++)
    {
        sn = sn + 2 * hn;    /* 第 n 次落地时共经过的米数*/
        hn = hn / 2;         /* 第 n 次反跳高度*/
```

```
    }
    printf(" 第 10 次落地时共经过%f 米 \n", sn);
    printf(" 第 10 次反弹%f 米 \n",hn);
}
```
运行结果（见图 5-18）：

图 5-18　例 5-6 运行结果

☺举一反三

【实验 5–9】 有 30 个学生一起买小吃，共花钱 50 元，其中每个大学生花 3 元，每个中学生花 2 元，每个小学生花 1 元，问大、中、小学生的人数分配共有多少种不同的解（去掉某类学生数为 0 的解）。

5.4.3　实验参考

【实验 5–4】 编写程序，求 s=1/(1*2)+1/(2*3)+1/(3*4)+……前 50 项之和。

[分析]：循环控制变量 i 每次增 1，和 s=s+1/(i*(i+1))。

[N-S 流程图]（见图 5-19）：

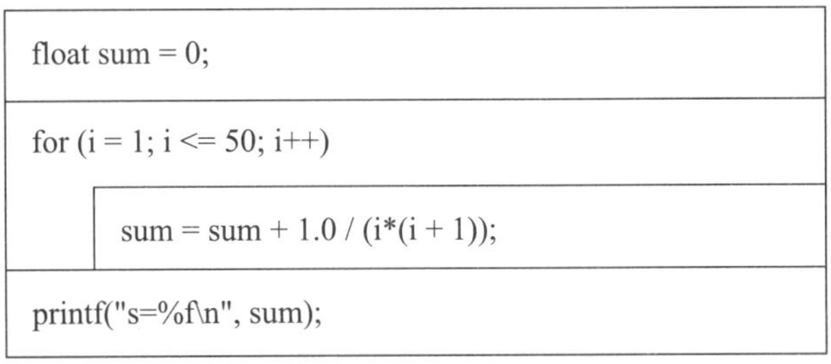

float sum = 0;
for (i = 1; i <= 50; i++)
sum = sum + 1.0 / (i*(i + 1));
printf("s=%f\n", sum);

图 5-19　实验 5-4 N-S 流程图

C 源程序（文件名 sy5_4.c）：

```
#include<stdio.h>
void main()
{
    int i;
    float sum = 0;
    for (i = 1; i <= 50; i++)
        sum = sum + 1.0 / (i*(i + 1));
    printf("s=%f\n", sum);
}
```

运行结果（见图 5-20）：

图 5-20　实验 5-4 运行结果

【实验 5-5】　输入一个整数，求它的位数以及各位数字之和。例如，345 的位数是 3，各位数字之和是 12。

C 源程序（文件名 sy5_5.c）：

```c
#include<stdio.h>
void main()
{
    int i = 0, n,s=0;
    printf("Enter n:");
    scanf("%d", &n);
    do
    {
        s = s + n%10;
        n = n / 10;
        i++;            /*i 用来统计位数*/
    } while (n);         /* while(n)等价于 while(n!=0)*/
    printf("i=%d,s=%d\n", i,s);
}
```

运行结果（见图 5-21）：

图 5-21　实验 5-5 运行结果

【实验 5-6】　输入 N 个正整数，统计其中奇数和偶数各有多少个。

[分析]：先读取数据个数 N，再做 N 次循环依次读取键盘输入的数字，并同时判断其奇偶性与计数。

C 源程序：（文件名：sy5_6.c）

```c
#include<stdio.h>
```

```
int main()
{
    int N,i,j=0,o=0,a;
    printf ("即将输入数据的个数  N=");
    scanf ("%d",&N);
    printf ("依次输入 N 个整数：");
    for (i=0;i<N;++i){
        scanf("%d",&a);
        if(a%2) j+=1;
        else o+=1;
    }
    printf("奇数为 %d 个，偶数为 %d 个。\n",j,o);
}
```

运行结果（见图 5-22）：

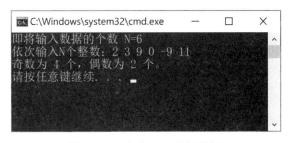

图 5-22 实验 5-6 运行结果

【**实验 5-7**】 从键盘输入一批学生的成绩（以负数为结束标志），计算平均分，并统计不及格成绩的个数。

[分析]：循环内部需要完成所有学生成绩求和以及不及格（小于 60 分）人数统计，跳出循环的条件为输入为负值。

C 源程序：（文件名：sy5_7.c）

```
#include <stdio.h>
main()
{
    float grade,ave=0;          /*变量 ave 用来存放总成绩和平均分*/
    int n=0,m=0;
    printf("Enter grade:");
    scanf("%f",&grade);         /*输入第一个成绩*/
    while(grade>=0)             /*输入数据大于等于 0 时，执行循环*/
    {
        ave=ave+grade;
```

```
        n++;                    /*统计学生人数*/
        if(grade<60)
        m++;                    /*统计不及格人数*/
        scanf("%f",&grade);     /*输入一个新数据为下一次循环做准备*/
    }
    ave=ave/n;
    printf("平均分=%f,不及格人数=%d\n",ave,m);
}
```
运行结果（见图 5-23）:

图 5-23　实验 5-7 运行结果

【实验 5-8】 编写程序，半径取整数时，输出所有面积在 100 m² 以内的半径值和圆面积的值，并输出第 1 个面积大于 100 的圆的半径和圆面积。

计算圆面积的表达式为：πr^2。

① 依次取半径为 1，2，3…，循环计算圆的面积 area；

② 当 area>100 时结束。

C 源程序：（文件名：sy5_8.c）

```
#include <stdio.h>
void main()
{
    double pi=3.14159,area;
    int r;
    printf("面积在 100 平方米以内的圆半径和圆面积:\n");
    printf("半径\t 圆面积\n");
    for(r=1;r<=10;r++)
    {
        area=pi*r*r;
        if (area>100)
            break;
        printf("r=%d\tarea=%f\n",r,area);
    }
    printf("第 1 个面积大于 100 的圆半径和面积为：\nr=%d\tarea=%f\n",r,area);
}
```
运行结果（见图 5-24）:

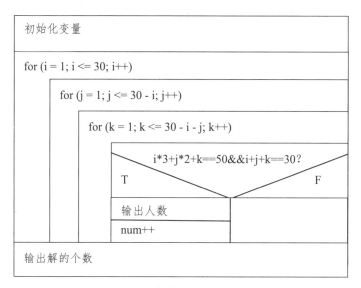

图 5-24　实验 5-8 运行结果

【实验 5–9】 有 30 个学生一起买小吃，共花钱 50 元，其中每个大学生花 3 元，每个中学生花 2 元，每个小学生花 1 元，问大、中、小学生的人数分配共有多少种不同的解（去掉某类学生数为 0 的解）。

[N-S 流程图]（见图 5-25）：

```
┌───────────────────────────────────────────────────┐
│ 初始化变量                                          │
├───────────────────────────────────────────────────┤
│ for (i = 1; i <= 30; i++)                           │
│  ┌─────────────────────────────────────────────┐   │
│  │ for (j = 1; j <= 30 - i; j++)                 │   │
│  │  ┌───────────────────────────────────────┐   │   │
│  │  │ for (k = 1; k <= 30 - i - j; k++)       │   │   │
│  │  │  ┌─────────────────────────────────┐   │   │   │
│  │  │  │＼ i*3+j*2+k==50&&i+j+k==30? ＼  │   │   │   │
│  │  │  │ T ＼                      ＼ F │   │   │   │
│  │  │  ├────────────────────┬────────────┤   │   │   │
│  │  │  │ 输出人数           │            │   │   │   │
│  │  │  ├────────────────────┤            │   │   │   │
│  │  │  │ num++              │            │   │   │   │
│  │  │  └────────────────────┴────────────┘   │   │   │
│  │  └───────────────────────────────────────┘   │   │
│  └─────────────────────────────────────────────┘   │
├───────────────────────────────────────────────────┤
│ 输出解的个数                                        │
└───────────────────────────────────────────────────┘
```

图 5-25　实验 5-9 N-S 流程图

C 源程序（文件名 sy5_9.c）：

```c
#include<stdio.h>
void main()
{
    int num = 0;
    int i,j,k;
    for (i = 1; i <= 30; i++) //i 为大学生人数
        for (j = 1; j <= 30 - i; j++) //j 为中学生人数
            for (k = 1; k <= 30 - i - j; k++) //k 为小学生人数
                if (i*3+j*2+k==50&&i+j+k==30)
```

```
                {
                    printf("%d,%d,%d\n",i,j,k);
                    num++;
                }
        printf("num=%d\n", num);
}
```

运行结果（见图 5-26）：

图 5-26　实验 5-9 运行结果

5.5　教材习题答案

一、选择题

1~5：BCBDC　　　　　　　6~10：BCDAC

二、填空题

1. 8　22

2. sum=sum+n　　&n

3. t=1,s=0　　i++

4. 1

5. 6

6. 0

三、改错题

1. 将"int n,i"改为"int n,i;"

　　将 "for(i=1,i<=n,++i)" 改为 "for(i=1;i<=n,++i)"

　　将"t=1/(2*i-1)"改成"t=1.0/(2*i-1)"

　　使用大括号{}将语句"t=1/(2*i-1);"和"s=s+t;"括起来，构成复合语句

2. 将 "if(ch>='a'&&ch<='z'&&ch>='A'&&ch<='Z')"

　　改为 "if(ch>='a'&&ch<='z'||ch>='A'&&ch<='Z')"

3. 将 s=a/b 改为 s+=a/b；将 a=b 改为 a+=b

四、编程题

1. C 源程序：（文件名：xt5_1.c）

```c
#include <stdio.h>
void main()
{
  int n,s=0;
  printf("请输入一个整数：");
  scanf("%d",&n);
  while(n!=0)
  {
   s=s*10+n%10;
   n/=10;
  }
  printf("%d",s);
}
```

2. C 源程序：（文件名：xt5_2.c）

```c
#include <stdio.h>
int main()
{
    int i;
    for (i = 32; i*i <= 9999; i++)    //直接完美的符合了条件一和二并且减少了循环次数
    {
        int a, b, c, d, s;
        s = i * i;
        d = s % 10;//求第四位
        c = s / 10 % 10;//求第三位
        b = s / 100 % 10;//求第二位
        a = s / 1000;//求第一位
        if ((a + c == 10) && (b * d == 12))//若满足条件三、四，则打印
        {
            printf("%d\n", s);
        }
    }
    return 0;
}
```

3. C 源程序：（文件名：xt5_3.c）

```c
#include <stdio.h>
int main()
```

```
{
    int a,b,c,sum;
    for (a=0;a<=33;a++)
    {
        for(b=50;b>=0;b--)
        {
            c=100-a-b;
            if (c%2!=0)//小马是两马驮一货，故小马的数量为双数
            continue;
            sum=3*a+2*b+c/2;
            if(sum==100)
            printf("大马%d,中马%d,小马%d\n",a,b,c);
        }
    }
    return 0;
}
```

4. C 源程序：（文件名：xt5_4.c）

```
#include<stdio.h>
main()
{
    int a,b,c,m,n;
    for(a=0;a<=9;a++)
        for(b=0;b<=9;b++)
            for(c=0;c<=9;c++)
            {
                m=100*a+10*b+c;
                n=100*c+10*b+a;
                if(m+n==1333)
                    printf("a=%d b=%d c=%d\n",a,b,c);
            }
}
```

第6章 数 组

6.1 知识介绍

1. 数组的相关概念

数组就是具有相同数据类型的数据的有序集合，它不同于前面介绍的基本数据类型，它是一种构造数据类型。数组中的每个数据称为数组元素，数组的每个元素具有相同的数据类型。按数组元素的类型不同，数组又可分为数值数组、字符数组、指针数组、结构数组等各种类别。

2. 一维数组定义格式

类型标识符　数组名[常量表达式];

其中数组名是用户定义的标识符，整个数组占用一段连续的内存单元，各元素按下标顺序存放，数组名表示了这段存储单元的首地址，即第一个数组元素的地址。常量表达式表示数组长度，即该数组有多少个数组元素。

3. 一维数组初始化的几种方式

（1）在定义数组时对全部数组元素赋初值。

例如：int　a[5]={ 1, 2, 3, 4, 5};

对全部数组元素赋初值时，可以不指定数组长度，其长度由初值个数自动确定。

int　a[ ]={ 1, 2, 3, 4, 5};

等价于：Int　a[5]={ 1, 2, 3, 4, 5};

(2) 只给部分数组元素赋初值，系统自动对其余元素赋缺省值。

例如：int　a[5]={1, 2, 3,};

等价于：int　a[5]={1, 2, 3, 0, 0};

4. 一维数组元素的输入、输出

一维数组元素的输入、输出一般采用循环语句实现。

例如：int　a[10], i;

```
for(i=0; i<10; i++)
scanf("%d", &a[i]);
for(i=0; i<10; i++)
printf("%d", a[i]);
```

5. 二维数组定义格式

存储类别 类型标识符 数组名[常量表达式 1][常量表达式 2];

常量表达式 1 表示二维数组第一维的长度，常量表达式 2 表示第二维的长度，二维数组的总元素个数为两维长度的乘积。

从本质上来说，二维数组可以理解为一维数组，即二维数组也是一个特殊的一维数组，这个数组的每一个元素都是一个一维数组。

二维数组在内存中的存储空间也是连续的线性空间，其存放顺序是按行存储，即先存放第一行的元素，再存放第二行元素。二维数组的数组名表示数组在内存中的首地址。

6．二维数组初始化的几种方式

（1）分行初始化。

例如：int　a[2][3]={{1,2,3}, {4,5,6}};

在 {} 内部再用 {} 把各行的初始值分开，第一对 {} 中的值 1、2、3 赋给第零行的三个元素，作为其初值；第二对 {} 中的值 4、5、6 赋给第一行的三个元素，作为其初值。

（2）不分行的初始化。

例如：int a[2][3]={1,2,3,4,5,6};

将所有初始值放在 {} 内，把 {} 中的数据按数组在内存中的存放次序，依次赋给 a 数组的各元素。

（3）为部分数组元素进行初始化。

分两种情况：

① 分行初始化。

例如：int a[2][3]={{1,2},{4}};

第一行只有 2 个初值，按顺序分别赋给 a[0][0] 和 a[0][1]；第二行的初值 4 赋给 a[1][0]；其他数组元素的初值为 0。

② 不分行初始化。

例如：int a[2][3]={1,2,3};

把 {} 中的数据按数组在内存中的存放次序，依次赋给 a 数组的各元素，即 a[0][0]=1；a[0][1]=2；a[0][2]=3；其他数组元素的初值为 0。

（4）第一维大小的确定。

分两种情况：

① 分行初始化时，第一维的大小由花括号的个数决定。

例如：int a[ ][3]={{1,2},{4}};

等价于：int a[2][3]={{1,2},{4}};

② 不分行初始化时，系统会根据提供的初值个数和第二维的长度确定第一维的长度。第一维的大小按如下规则确定：初值个数能被第二维的长度整除，所得的商就是第一维的大小；若不能整除，则第一维的大小为商再加上 1。

例如：int a[][3]={1,2,3,4};

等价于：int a[2][3]={1,2,3,4};

7．二维数组元素的输入、输出

二维数组元素的输入、输出一般采用双层循环语句实现。

例如：int　a[3][4], i, j;
```
        for(i=0; i<3; i++)
        {
        for(j=0; j<4; j++)
            printf("%d", a[i][j]);
          printf("\n");
        }
```

8. 字符数组定义格式

　　　　char　数组名[常量表达式];

字符数组的每个数组元素只能存放一个字符，由于 C 语言中没有字符串类型，所以使用字符数组来存放字符串，字符串必须以'\0'字符作为结尾，称为字符串结束标志。

9. 字符数组的初始化

（1）逐个将字符赋给数组中的元素。

例如：char　c[5]={'C', 'h', 'i', 'n', 'a'};

如果花括号中的初值个数小于数组长度，按顺序赋值后，其余元素自动赋空字符'\0'。

例如：char　c[5]={'A', 'B', 'C'};

等价于：char　c[5]={'A', 'B', 'C', '\0', '\0'};

（2）将字符串赋给字符数组。

例如：char　c[ ]={"China"};　　　或：char　c[ ]="China";

以上初始化等价于：char　c[6]="China";

也等价于：char　c[6]={'C', 'h', 'i', 'n', 'a', '\0'};

10. 字符数组的输入、输出

（1）单个字符的输入、输出。

```
char    a[10], i;
for(i=0; i<10; i++)
scanf("%c", &a[i]);
for(i=0; i<10; i++)
printf("%c", a[i]);
```

（2）字符串的输入、输出。

```
char    a[10];
scanf("%s", a);
printf("%s", a);
gets(a);
puts(a);
```

[注意]：

① 输入、输出字符串时，都是使用字符数组名。

② 用%s 输入字符串时，遇到空格、回车符都会作为字符串的分隔符，即%s 格式不能用来输入包含有空格的字符串。

③ 要使用 gets 和 puts 函数，需要在程序的开头添加 "#include <stdio.h>" 来进行说明。

④ 使用 gets 函数可以读入包括空格在内的全部字符直到遇到回车符为止；用 gets 输入字符串时，若输入字符数大于字符数组的长度，则多出的字符会存放在数组的存储空间之外。

⑤ puts 函数一次只能输出一个字符串，输出时将'\0'自动转换成换行符。

11. 字符串处理函数

这些函数都包含在头文件 "string.h" 中，在使用这些函数时必须在程序的开头添加 "#include <string.h>" 来进行说明。

（1）字符串拷贝函数 strcpy()。

格式：strcpy（字符数组 1，字符串 2）

功能：将字符串 2 复制到字符数组 1 中。

（2）字符串连接函数 strcat()。

格式：strcat（字符数组 1，字符数组 2）

功能：把字符串 2 连接到字符串 1 的后面，仍存放在字符数组 1 中。

（3）字符串比较函数 strcmp()。

格式：int strcmp（字符串 1，字符串 2）

功能：比较字符串 1 和字符串 2，从左到右逐个字符比较 ASCII 值的大小，直到出现的字符不一样或遇到'\0'为止，比较结果由函数返回。

① 若字符串 1=字符串 2，函数的返回值为 0；

② 若字符串 1>字符串 2，函数的返回值为一正整数；

③ 若字符串 1<字符串 2，函数的返回值为一负整数。

（4）测试字符串长度函数 strlen()。

格式：int strlen（字符串）

功能：测试字符串长度，函数返回值为字符串的实际长度，不包括'\0'在内。

6.2　数值数组

6.2.1　实验目的

（1）掌握一维数组二维数组的定义、数组元素的引用形式和数组的输入输出方法；

（2）了解与数组有关的数值计算方法。

6.2.2　实验内容

【例 6-1】 将数组 a 的后 9 个元素中的值各自往前移动一个位置，原来第 1 个元素值移动到最后一个位置。

[分析]：利用 a 数组存放 10 个元素，先利用变量 t 保存第一个元素，然后通过循环，使 a[i]=a[i+1]，依次把后面 9 个元素往前移动一个位置，再把第一个元素放到最后一个位置。

[N-S 流程图]（见图 6-1）：

int i=0,t=0,a[10]={1,2,3,4,5,6,7,8,9,10};
for(i=0;i<10;i++)
printf("%4d",a[i]);
printf("\n");
t=a[0];
for(i=0;i<9;i++)
a[i]=a[i+1];
a[9]=t;
for(i=0;i<10;i++)
printf("%4d",a[i]);
printf("\n");

图 6-1　例 6-1 N-S 流程图

C 源程序（文件名 li6_1.c）：

```
#include <stdio.h>
void main()
{
    int i=0,t=0,a[10]={1,2,3,4,5,6,7,8,9,10};
    for(i=0;i<10;i++)
        printf("%4d",a[i]);
    printf("\n");
    t=a[0];
    for(i=0;i<9;i++)
        a[i]=a[i+1];
    a[9]=t;
    for(i=0;i<10;i++)
        printf("%4d",a[i]);
    printf("\n");
}
```

运行结果（见图 6-2）：

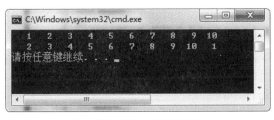

图 6-2　例 6-1 运行结果

☺举一反三

【实验6-1】 将数组 a 的前 9 个元素中的值各自往后移动一个位置，原来最后一个元素值移动到第一个位置。

【例6-2】 定义 3×5 的二维数组，并将最大的元素值和左上角的元素值对调。

[分析]：利用二维数组存放数据，通过二重循环找出最大的值，然后保存该元素的下标，再把它和左上角的值对调。

[N-S 流程图]（见图 6-3）：

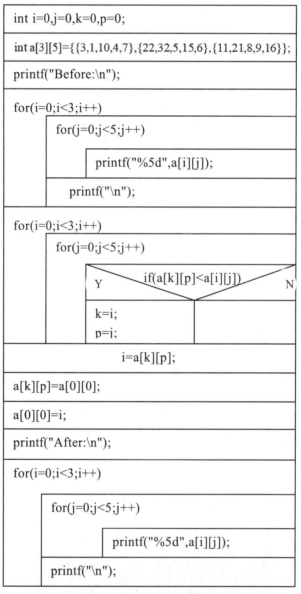

图 6-3　例 6-2 N-S 流程图

C 源程序（文件名 li6_2.c）：

```c
#include <stdio.h>
void main()
```

```
{
    int i=0,j=0,k=0,p=0;
int a[3][5]={{3,1,10,4,7},{22,32,5,15,6},{11,21,8,9,16}};
    printf("Before:\n");
    for(i=0;i<3;i++)
    {
        for(j=0;j<5;j++)
            printf("%5d",a[i][j]);
        printf("\n");
    }
    for(i=0;i<3;i++)
        for(j=0;j<5;j++)
            if(a[k][p]<a[i][j])
            {
                k=i;
                p=j;
            }
            i=a[k][p];
            a[k][p]=a[0][0];
            a[0][0]=i;
        printf("After:\n");
        for(i=0;i<3;i++)
        {
            for(j=0;j<5;j++)
                printf("%5d",a[i][j]);
                printf("\n");
        }
}
```

运行结果（见图 6-4）：

图 6-4　例 6-2 运行结果

☺举一反三

【实验 6-2】定义 4×6 的实型数组，并将各行前 5 列元素的平均值分别放在同一行的第
6 列上。

6.2.3　实验参考

【**实验 6-1**】　将数组 a 的前 9 个元素中的值各自往后移动一个位置，原来最后一个元素值移动到第一个位置。

[分析]：利用 a 数组存放 10 个元素，先利用变量 t 保存最后一个元素，然后通过循环，使 a[i]=a[i-1]，依次把前面 9 个元素往后移动一个位置，再把最后一个元素放到第一个位置。

[N-S 流程图]（见图 6-5）：

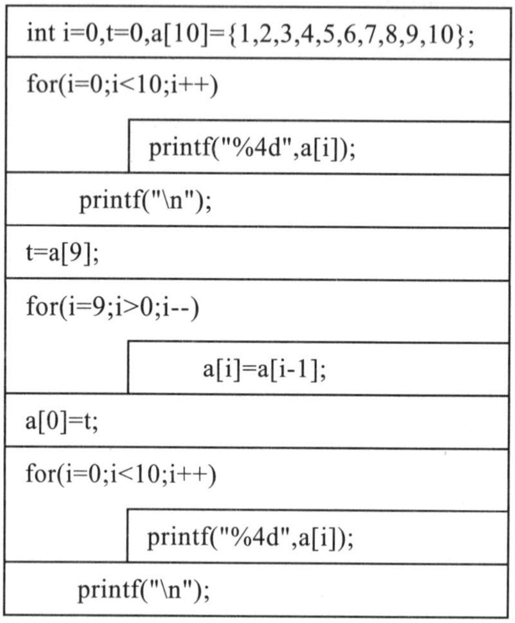

```
int i=0,t=0,a[10]={1,2,3,4,5,6,7,8,9,10};
for(i=0;i<10;i++)
        printf("%4d",a[i]);
    printf("\n");
t=a[9];
for(i=9;i>0;i--)
        a[i]=a[i-1];
a[0]=t;
for(i=0;i<10;i++)
        printf("%4d",a[i]);
    printf("\n");
```

图 6-5　实验 6-1 N-S 流程图

C 源程序（文件名 sy6_1.c）

```c
#include <stdio.h>
void main()
{
    int i=0,t=0,a[10]={1,2,3,4,5,6,7,8,9,10};
    for(i=0;i<10;i++)
        printf("%4d",a[i]);
    printf("\n");
    t=a[9];
    for(i=9;i>0;i--)
        a[i]=a[i-1];
    a[0]=t;
    for(i=0;i<10;i++)
        printf("%4d",a[i]);
    printf("\n");
}
```

【**实验 6-2**】定义 4×6 的实型数组，并将各行前 5 列元素的平均值分别放在同一行的第 6 列上。

[分析]：利用二维数组存放数据，给前 5 列赋值，然后通过二重循环，外层循环控制访问行，内层循环控制访问每行中的列的数据，算出每行中前 5 个数据的平均值，然后把它赋值给这行的第 6 列。

[N-S 流程图]（见图 6-6）：

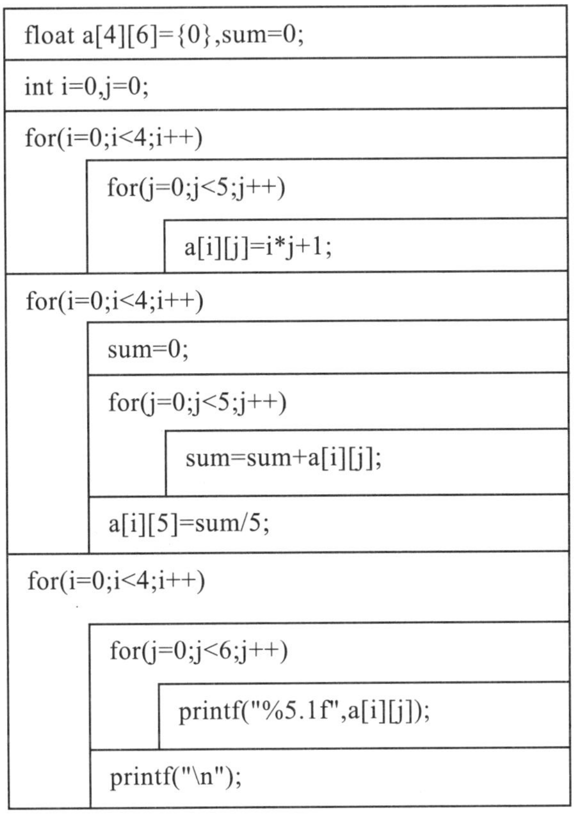

```
float a[4][6]={0},sum=0;
int i=0,j=0;
for(i=0;i<4;i++)
    for(j=0;j<5;j++)
        a[i][j]=i*j+1;
for(i=0;i<4;i++)
    sum=0;
    for(j=0;j<5;j++)
        sum=sum+a[i][j];
    a[i][5]=sum/5;
for(i=0;i<4;i++)
    for(j=0;j<6;j++)
        printf("%5.1f",a[i][j]);
    printf("\n");
```

图 6-6 实验 6-2 N-S 流程图

C 源程序（文件名 sy6-2.c）：

```
#include <stdio.h>
void main()
{
    float a[4][6]={0},sum=0;
    int i=0,j=0;
    for(i=0;i<4;i++)
        for(j=0;j<5;j++)
            a[i][j]=i*j+1;
    for(i=0;i<4;i++)
```

```
        {
                sum=0;
                for(j=0;j<5;j++)
                        sum=sum+a[i][j];
                a[i][5]=sum/5;
        }
    for(i=0;i<4;i++)
        {
                for(j=0;j<6;j++)
                printf("%5.1f",a[i][j]);
                printf("\n");
        }
}
```

运行结果（见图 6-7）：

图 6-7   实验 6-2 运行结果

6.3   字符数组

6.3.1   实验目的

（1）掌握字符数组定义及引用；
（2）掌握字符数组的输入输出。

6.3.2   实验内容

【例 6-3】   先输入一行字符，将其存放在字符数组中，再输入一个指定字符，在字符数组中查找这个指定字符，若数组中含有该字符，则输出该字符在数组中第一次出现的位置（即下标），否则输出-1。

[分析]：首先输入一个字符串，然后读取特定的字符。逐个地拿特定字符与字符串中的元素相比较，如果它们相同，那么就输出此时字符串的下标，结束程序。如果字符串中没有特定字符就输出 – 1。

[N-S 流程图]（见图 6-8）:

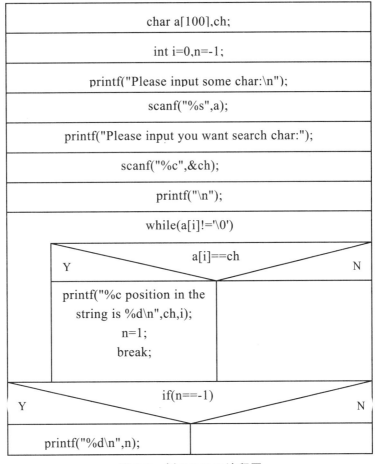

图 6-8　例 6-3 N-S 流程图

C 源程序（文件名 li6_3.c）:

```
#include<stdio.h>
void main()
{
    char a[100],ch;
    int i=0,n=-1;
    printf("Please input some char:\n");
    scanf("%s",a);                          //输入字符串
    printf("Please input you want search char:");
    scanf("%c",&ch);                        //输入特定字符
    printf("\n");
    while(a[i]!='\0')                       //确定是否已经检测完字符串
    {
        if(a[i]==ch)    //判断是否是特定字符，如果是就输出下标，并且结束
```

```
        {
                printf("%c position in the string is %d\n",ch,i);
                n=1;
            break;
        }
        else
                i++;
    }
    if(n==-1)
        printf("%d\n",n);
}
```

运行结果 1（见图 6-9）：

图 6-9　例 6-3 运行结果 1

运行结果 2（见图 6-10）：

图 6-10　例 6-3 运行结果 2

[说明]:

（1）注意输入字符的长度，不要超过字符数组限制的长度。至少保留最后一位用于赋值为'\0'。

（2）注意循环结束条件：当字符数组的输入是通过循环输入时，别忘了最后添加字符'\0'，否则就用字符个数来控制循环。

😊举一反三

【实验 6-3】 先输入一行字符，将其存放在字符数组 A 中，再输入一个字符串 B，在字符数组中查找这个字符串，若数组含有该字符串，则输出该字符串在数组中第一次出现的位置（即下标），否则输出 –1。

6.3.3 实验参考

【实验 6-3】

[分析]：循环遍历 A，判断 B 是否存在 A 中。

[N-S 流程图]：类似例 6-3。

C 源程序（文件名 sy6_3.c）:

```c
#include <stdio.h>
void main()
{
    char a[50];
    char b[50];
    int i, j, k;
    printf("输入字符串 a：");
    scanf("%s", a);
    printf("输入字符串 b：");
    scanf("%s", b);
    for (i = 0; a[i]; i++)
    {
        k = i;
        for (j = 0; b[j]; j++)
        {
            if (b[j] == a[k])
                k++;
            else
                break;
        }
        if (!b[j])
        {
            printf("数组 b 在数组 a 中出现的位置：%d\n", i);
            break;
        }
    }
    if (!a[i])
    {
        printf("-1\n");
    }
}
```

运行结果 1（见图 6-11）：

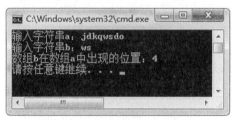

图 6-11　实验 6-3 运行结果 1

运行结果 2（见图 6-12）：

图 6-12　实验 6-3 运行结果 2

6.4　教材习题答案

一、选择题

1~5：DBDDA　　　　　　6~10：AABBC

二、填空题

1.（1）x[j]=x[j+1]　　（2）j<9

2.（1）tt[i]<min　　（2）index+1

3.（1）&&　　（2）b[j++]=I　　（3）i<j

三、改错题

1.（1）float aver,s；　　（2）s=a[0]；

2.（1）gets(a)；　　（2）while(a[i]!='.')

3.（1）gets(str[i])；　　（2）if(strcmp(str[i],str[j])>0)

四、阅读题

1. 1　0　2　2　5　7　13　20

2. k=24

3. sum=6

4. 2

5. −5

五、编程题

1. 一个数如果恰好等于它的因子之和，这个数就称为"完数"，编程找出 500 以内的所有完数，每一个完数按下面格式输出：6=1+2+3。

[分析]：利用二重循环，外层循环变量 i 是要判断的数，内层循环变量 j 看成是因子，通过"i%j==0"判断 j 是否是 i 的一个因子，通过内层循环找出每个因子，求出它们的和，再判断它是否和 i 相等，如果相等则是完数。

[N-S 流程图]（见图 6-13）：

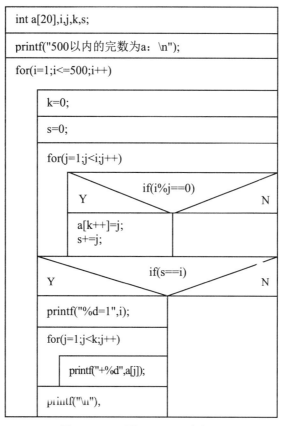

图 6-13 习题 6-1 N-S 流程图

C 源程序（文件名 xt6_1.c）：

```c
#include<stdio.h>
void main()
{
int a[20],i,j,k,s;
printf("500 以内的完数为a：\n");
for(i=1;i<=500;i++)
{
    k=0;
    s=0;
for(j=1;j<i;j++)
    if(i%j==0)
```

```
    {
        a[k++]=j;
        s+=j;
    }
    if(s==i)
    {
        printf("%d=1",i);
    for(j=1;j<k;j++)
        printf("+%d",a[j]);
    printf("\n");
    }
    }
}
```

2. 编写程序，定义 2×4 二维数组，并输入前 3 列数据赋给各元素，最后将每行总和放在最后一列。

[分析]：二维数组通过二重循环去访问，外层循环访问行，内层循环访问列。

[N-S 流程图]（见图 6-14）：

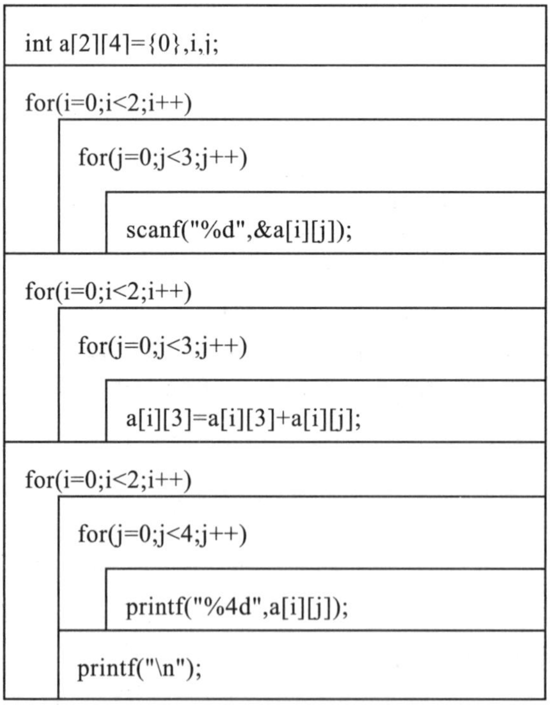

```
┌─────────────────────────────────────────────────────┐
│ int a[2][4]={0},i,j;                                  │
├─────────────────────────────────────────────────────┤
│ for(i=0;i<2;i++)                                      │
│   ┌───────────────────────────────────────────────┐  │
│   │ for(j=0;j<3;j++)                                │  │
│   │   ┌───────────────────────────────────────────┐│  │
│   │   │ scanf("%d",&a[i][j]);                      ││  │
│   │   └───────────────────────────────────────────┘│  │
│   └───────────────────────────────────────────────┘  │
├─────────────────────────────────────────────────────┤
│ for(i=0;i<2;i++)                                      │
│   ┌───────────────────────────────────────────────┐  │
│   │ for(j=0;j<3;j++)                                │  │
│   │   ┌───────────────────────────────────────────┐│  │
│   │   │ a[i][3]=a[i][3]+a[i][j];                   ││  │
│   │   └───────────────────────────────────────────┘│  │
│   └───────────────────────────────────────────────┘  │
├─────────────────────────────────────────────────────┤
│ for(i=0;i<2;i++)                                      │
│   ┌───────────────────────────────────────────────┐  │
│   │ for(j=0;j<4;j++)                                │  │
│   │   ┌───────────────────────────────────────────┐│  │
│   │   │ printf("%4d",a[i][j]);                     ││  │
│   │   └───────────────────────────────────────────┘│  │
│   │ printf("\n");                                   │  │
│   └───────────────────────────────────────────────┘  │
└─────────────────────────────────────────────────────┘
```

图 6-14 习题 6-2 N-S 流程图

C 源程序（文件名 xt6_2.c）：

```c
#include<stdio.h>
void main()
{
```

```
int a[2][4]={0},i,j;
for(i=0;i<2;i++)
for(j=0;j<3;j++)
scanf("%d",&a[i][j]);
for(i=0;i<2;i++)
for(j=0;j<3;j++)
a[i][3]=a[i][3]+a[i][j];
for(i=0;i<2;i++)
{for(j=0;j<4;j++)
printf("%4d",a[i][j]);
printf("\n");
}
}
```

3. 输入一个完全由数字组成的字符串，从字符串的第一个字符起，每两个数字作为两位整数，存放在一维整型数组中，如果最后只剩一个数字，则将该字符作为一个整数存放在数组中，例如：输入 123456789，则数组中依次存放整数 12，34，56，78，9。

[分析]：字符转换为数字的方法是把它和字符'0'相减，相差的 ASCII 码值就为该字符转换为数字的值。

[N-S 流程图]（见图 6-15）：

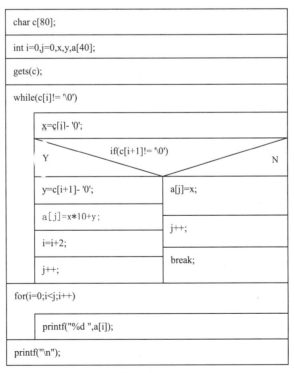

图 6-15　习题 6-3 N-S 流程图

C 源程序（文件名 xt6_3.c）：

```
#include<stdio.h>
```

```c
void main()
{
char c[80];
int i=0,j=0,x,y,a[40];
gets(c);
while(c[i]!='\0')
{x=c[i]-'0';
if(c[i+1]!='\0')
{y=c[i+1]-'0';
a[j]=x*10+y;
i=i+2;
j++;
}
else
{
a[j]=x;
j++;
break;
}
}
for(i=0;i<j;i++)
printf("%d ",a[i]);
printf("\n");
}
```

4. 编写一个程序，从键盘输入一个字符串放在字符数组 a 中，再将 a 元素中的所有小写字母存放到字符数组 b 中。

[N-S 流程图]（见图 6-16）：

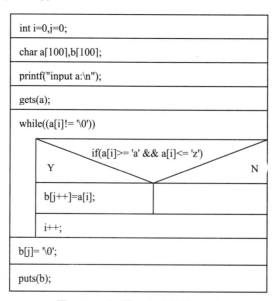

图 6-16　习题 6-4 N-S 流程图

C 源程序（文件名 xt6_4.c）：

```c
#include<stdio.h>
void main()
{int i=0,j=0;
char a[100],b[100];
printf("input a:\n");
gets(a);
while((a[i]!= '\0'))
{
    if(a[i]>= 'a' && a[i]<= 'z')
    b[j++]=a[i];
    i++;
}
b[j]= '\0';
puts(b);
}
```

第7章　指　针

7.1　知识介绍

1. 指针的相关概念

在 C 语言中，指针被用来表示内存单元的地址，如果把这个地址用一个变量来保存，则这个变量就称为指针变量。指针变量也分别有不同的类型，用来保存不同类型变量的地址。严格地说，指针与指针变量是不同的，为了叙述方便，常常把指针变量就称为指针。

2. 指针的定义格式

　　　　[存储类型]　　　数据类型　　　*指针变量名[=初始值];

例如：

int a,*p=a;　　　　　　　　　*p 为指向整型变量的指针，p指向了变量a的地址

*/ char *s=NULL;　　　　　　*s 为指向字符型变量的指针，p指向一个空地址*/

float *t;　　　　　　　　　　*t 为指向单精度浮点型变量的指针*/

3. 指针的初始化

指针变量定义之后，必须将其与某个变量的地址相关联才能使用。可以通过赋值的方法将指针变量与简单变量相关联，指针变量的赋值方式为：

　　　　　　<指针变量名>=&<普通变量名>;

例如：int i, *p;

　　　　p=&i;

或　　　　int i, *p=&i;

请注意上面的两种形式都是将变量 i 的地址赋给了指针 p。若写成 int *p=NULL；则表示 p 不指向任何存储单元。

一旦指针变量指向了某个变量的地址，就可以引用该指针变量，引用的方式为：

（1）*指针变量名——代表所指变量的值；

（2）指针变量名——代表所指变量的地址。例如：int i, *p;

float x, *t;

p=&i;　　　　　　　　/*指针p指向了变量i的地址*/

t=&x;　　　　　　　　/*指针t指向了变量x的地址*/

*p=3;　　　　　　　　/*相当于i=3*/

*t=12.34;　　　　　　/*相当于x=12.34*/

在上面的表达式中，p、&i 都表示变量 i 的地址，*p、i 都表示变量 i 的值。

4. 指针的运算

（1）指针的赋值运算。

例如：

int a,*pa;

pa=&a;

p1=p2;

P=NULL;

（2）指针的算术运算。

① +、++代表指针向前移（地址编号增大）。

② -、-- 代表指针向后移（地址编号减小）。设 p、q 为某种类型的指针变量，n 为整型变量，则：p+n、p++、++p、p--、--p、p-q 的运算结果仍为指针。

（3）指针关系运算。

指针的关系运算常用于比较两指针是否指向同一变量。

假设有：int a,*p1,*p2;

　　　　　　　　p1=&a;

则：p1==p2 的值为 0（假），只有当 p1、p2 指向同一元素时，表达式 p1==p2 的值才为 1（真）。

5. 指针与数组

（1）指向一维数组的指针。

指向数组的指针变量称为数组指针变量。数组指针变量说明的一般形式为：

类型说明符 ＊　指针变量名

如果定义了一个一维数组：

int a[10];

则该数组的元素为 a[0],a[1],a[2]，，a[9]。

（2）指向二维数组的指针。

对二维数组而言，数组名同样代表着数组的首地址。若有 int a[3][4]，可以看成是由 3 个一维数组 a[0]、a[1]、a[2]构成。

因此，若有：int a[3][4], *p;

则p=a[0];　或p=&a[0][0];是将指针p指向数组的首地址。

（3）指向字符串指针。

在C语言中，也可以用字符数组表示字符串，也可以定义一个字符指针变量指向一个字符串。引用时，既可以逐个字符引用，也可以整体引用。

指向字符串的指针变量定义格式：char *指针变量;

定义并初始化字符指针变量：

例如：char *stg="I love Beijing.";

6. 指针作为函数的参数

把一个字符串从一个函数传递到另一个函数可以利用字符数组名或字符指针作参数，它们在调用时传递的是地址。在被调函数中对字符串处理以后，其任何变化都会反映到主调函数中。

7.2　数值指针

7.2.1　实验目的

（1）掌握指针变量的定义与引用；
（2）掌握指针的运算；
（3）掌握指针与数组的关系；
（4）掌握指针的使用方法。

7.2.2　实验内容

【例 7-1】　输入 3 个整数，按由小到大的顺序输出。
C 源程序：（文件名 li7-1.c）

```c
#include <stdio.h> void
main()
{
    int a,b,c,x;
    int *pa,*pb,*pc;
    pa=&a;   /*这里的指针前的星号去掉就行了*/
    pb=&b;
    pc=&c;   /*三个都一样*/
    printf("请输入  3  个整数:\n");
    scanf("%d%d%d",pa,pb,pc);
    if(*pa>*pb)
    {
        x=*pa;
        *pa=*pb;
        *pb=x;
    }
    if(*pa>*pc)
    {
        x=*pa;
        *pa=*pc;
        *pc=x;
    }
    if(*pb>*pc)
    {
```

```
            x=*pb;
            *pb=*pc;
            *pc=x;
        }
        printf("这 3 个数由小到大的排列顺序为:%d,%d,%d\n",*pa,*pb,*pc);
}
```

运行结果（见图 7-1）：

图 7-1　例 7-1 运行结果

☺举一反三

【实验 7-1】 将 n 个数按输入时顺序的逆序排列，用函数实现。

【实验 7-2】 写一函数，将一个 3x3 的整型矩阵转置。

【例 7-2】 下面的程序是一种变化的约瑟夫问题，有 30 个人围坐一圈，从 1 到 M 按顺序编号，从第 1 个人开始循环报数，凡报到 7 的人就退出圈子，请按照顺序输出退出人的编号。

[分析]：设置两个整型数组：person 和 pout。person 用来表示 30 个人围成的一个队列圈。pout 用来表示出队的结果。规定 person 元素的值只有两种情况：0 和非 0。非 0 表示该元素还在队列内；0 表示该元素已出队列。从 person 的第 1 个元素开始报数，报到第 7 的时候，将该元素的值改为 0，同时将该元素的下标值按顺序赋给另一个整型数组 pout，当数组 person 中的所有元素的值为 0 时，输出顺序就生成了。

C 源程序：（文件名：li7-2.c）

```
#include <stdio.h>
#define SIZE 30
void goout(int p[],int po[],int n);
main()
{
    int preson[SIZE];
    int pout[SIZE];      /*   出队顺序初值为-1 */
    int i,n;
    printf("请输入循环数 n（大于 0 的正整数）:\n");
    scanf("%d",&n);
    /*  为队列元素赋初值：*/;
    for(i=0;i<SIZE;i++)
```

```
        preson[i]=i+1;
    printf("队列原始数据编号值：\n");
    for(i=0;i<SIZE;i++)
        printf("preson[%d]=%d\t",i,preson[i]);
    printf("\n");
    goout(preson,pout,n);   /*调用函数，将出队顺序放到数组 pout 中 */
    printf("出队顺序值：\n");
    for(i=1;i<=SIZE;i++)
        printf("pout[%d]=%d\t",i,pout[i-1]);
    printf("\n");
}
/*将数组 p 中的数据从第 1 个按 n 循环输出下标值到数组 po 中：*/
void goout(int pp[],int po[],int n)
{
    int i,temp,*p;
    p=pp;                       /*  指针 p 指向队列数组的首地址 */
    for(i=0;i<SIZE;i++)
    {
        temp=0;
        while(temp<7)          /*  开始循环报数 */
        {
            if(*p!=0)
            {
            if(p==(pp+SIZE))
                p=pp;          /*  如果到达队尾，指针重新回到队头*/
            else
            {
                p=p+1;
                temp=temp+1;
            }
            }
            else
            {
            if(p==(pp+SIZE)) /*  如果到达队尾，指针重新回到队头*/
                p=pp;
            p=p+1;
            }
        }
    }
```

```
        p=p-1;
        po[i]=*p;              /*  生成输出队列顺序  */
        *p=0;                  /*  标记成已经出队  */
    }
}
```

运行结果（见图 7-2）：

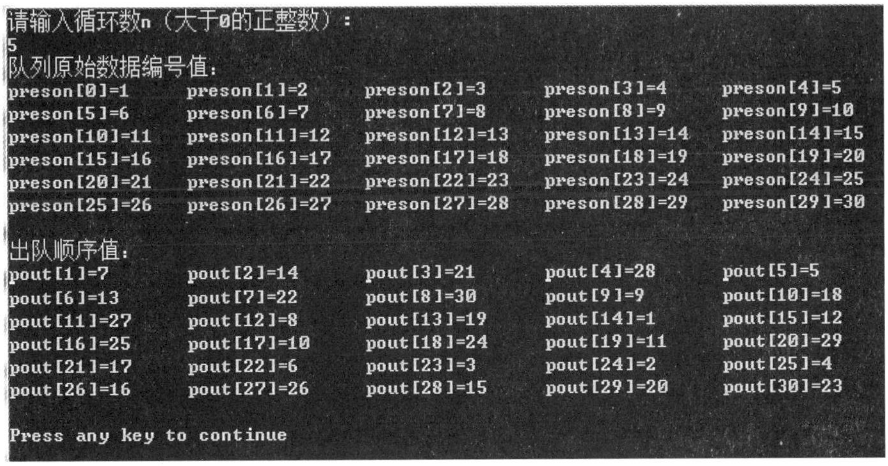

图 7-2　例 7-2 运行结果

☺举一反三

【实验 7-3】 n 个人围成一圈，顺序排号。从第一个人开始报数（从 1 到 3 报数），凡报到 3 的人退出圈子，问最后留下的是第几号的那位？

7.2.3　实验参考

【实验 7-1】 将 n 个数按输入时顺序的逆序排列，用函数实现。

C 源程序：（文件名：sy7-1.c）

```c
#include <stdio.h>
int main()
{
  void sort (char *p,int m);
  int i,n;
  char *p,num[20];
  printf("input n:");
  scanf("%d",&n);
  printf("please input these numbers:\n");
  for (i=0;i<n;i++)
      scanf("%d",&num[i]);
  p=&num[0];
```

```
    sort(p,n);
    printf("Now,the sequence is:\n");
    for (i=0;i<n;i++)
        printf("%d ",num[i]);
    printf("\n");
    return 0;
}
void sort (char *p,int m)          /*将 n 个数逆序排列函数*/
{int i;
 char temp, *p1,*p2;
 for (i=0;i<m/2;i++)
   {p1=p+i;
    p2=p+(m-1-i);
    temp=*p1;
    *p1=*p2;
    *p2=temp;
   }
}
```

运行结果：

input n:10

please input these numbers:

10 9 8 7 6 5 4 3 2 1

Now,the sequence is:

1 2 3 4 5 6 7 8 9 10

【实验 7-2】 写一函数 将一个 3x3 的整型矩阵转置。

C 源程序：（文件名：sy7-2.c）

```
#include <stdio.h>
int main()
{
 void move(int *pointer);
 int a[3][3],*p,i;
 printf("input matrix:\n");
 for (i=0;i<3;i++)
     scanf("%d %d %d",&a[i][0],&a[i][1],&a[i][2]);
 p=&a[0][0];
 move(p);
 printf("Now,matrix:\n");
 for (i=0;i<3;i++)
```

```
        printf("%d %d %d\n",a[i][0],a[i][1],a[i][2]);
    return 0;
      }
    void move(int *pointer)
      {int i,j,t;
       for (i=0;i<3;i++)
        for (j=i;j<3;j++)
         {t=*(pointer+3*i+j);
             *(pointer+3*i+j)=*(pointer+3*j+i);
             *(pointer+3*j+i)=t;
           }
    }
```

运行结果：

input matrix:

1 2 3

4 5 6

7 8 9

Now,matrix:

1 4 7

2 5 8

3 6 9

【实验 7-3】 n 个人围成一圈，顺序排号。从第一个人开始报数（从 1 到 3 报数），凡报到 3 的人退出圈子，问最后留下的是第几号的哪位？

C 源程序：（文件名：oy7 3.c）

```
#include <stdio.h>
int main()
{
int i,k,m,n,num[50],*p;
printf("\ninput number of person:n=");
scanf("%d",&n);
p=num;
for(i=0;i<n;i++)
*(p+i)=i+1;
i=0;
k=0;
m=0;
while(m<n-1)
{if(*(p+i)!=0) K++;
```

```
if(k==3)
{*(p+i)=0;
k=0;
m++;
}
i++;
if(i==n)  i=0;
}
while(*p==0)  p++;
printf("The last one is No.%d\n",*p);
  return 0;
}
```

运行结果：
input number of person: n=8
The last one is NO.7

7.3　字符指针

7.3.1　实验目的

（1）熟练掌握字符指针定义及引用形式；
（2）熟练掌握字符指针的输入/输出方法；
（3）掌握指针与字符串的结合使用。

7.3.2　实验内容

【例 7-3】　输入 3 个字符串，按由小到大的顺序输出。
C 源程序：（文件名：li7-3.c）

```
#include <stdio.h>
#include <string.h>
int main()
{
void swap(char *,char *);
char str1[20],str2[20],str3[20];
printf("input three line:\n");
gets(str1);
gets(str2);
gets(str3);
if(strcmp(str1,str2)>0)  swap(str1,str2);
```

```
if(strcmp(str1,str3)>0)   swap(str1,str3);
if(strcmp(str2,str3)>0)   swap(str2,str3);
printf("Now,the order is:\n");
printf("%s\n%s\n%s\n",str1,str2,str3);
return 0;
}
void swap(char *p1,char *p2)
{
char p[20];
strcpy(p,p1);strcpy(p1,p2);strcpy(p2,p);
}
```

运行结果：

input three line:

I study very hard.

C language is very interesting.

He is a professfor.

Now,the order is:

C language is very interesting.

He is a professfor.

I study very hard.

☺举一反三

【实验 7-4】 写一函数，实现两个字符串的比较，即自己写一个 strcmp 函数，函数原型为 int   strcmp(char *p1, char *p2); 设   p1 指向字符串 s1，p2 指向字符串 s2。要求当 s1=s2 时，返回值为 0，若 s1! =s2，返回它们二者第一个不同字符的 ASCII 码差值（如 "BOY" 与 "BAD"，第二个字母不同，"O" 与 "A" 之差为 79-65=14）。如果 s1>s2，则输出正值，如果 s1<s2，则输出负值。

【例 7-4】 编写程序，对一组英文单词字符串进行按字典排列方式（从小到大）进行排序。

C 源程序：（文件名：li7-4.c）

```
#include <stdio.h>
#include <string.h>
void sort(char *words [], int n);
main()
{
    char *wString[]={"implementation","language","design",
    "fortran","computer "}; int i, n=5;
```

```
    printf("The words are
    :\n"); for (i=0; i<n;
    i++)
        printf ("\twString[%d]=%s\n", i,
    wString[i]); printf("After sort,The words
    are:\n");
    sort(wString,n);     /* 调用函数，对指针数组 wString 中的 n 个字符串排序 */
    for (i=0; i<n; i++)
        printf ("\twString[%d]=%s\n", i, wString[i]);
}
/* 对指针数组 s 中的 n 个字符串按字典
排序 */ void sort(char *s[], int n)
{
    char
    *temp;
    int i,j,k;
    for (i=0; i<n-1; i++)
    {
        k=i;
        for (j=i+1; j<n; j++)
            if (strcmp(s[k],s[j])>0)
            k=j;
            if (k!=i)
            {
                temp=s[i];
                s[i]=s[k];
                s[k]=temp;
            }
    }
}
```

运行结果（见图 7-3）

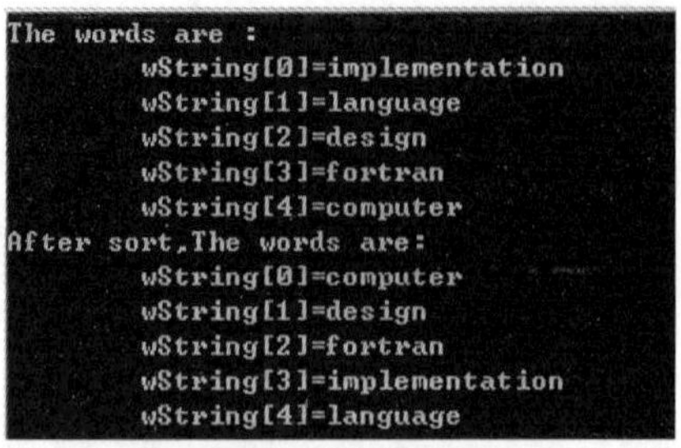

图 7-3 例 7-4 运行结果

☺举一反三

【实验 7-5】　编程将从键盘上输入的每个单词的第一个字母转换成大写字母，输入时各单词必须用空格隔开，用"."结束输入。

7.3.3　实验参考

【实验 7-4】　写一函数，实现两个字符串的比较，即自己写一个 strcmp 函数，函数原型为 int strcmp（char*p1，char *p2）；

[分析]：设 p1 指向字符串 s1，p2 指向字符串 s2。要求当 s1=s2 时，返回值为 0，若 s1！= s2 返回它们二者第一个不同字符的 ASCII 码差值（如"BOY"与"BAD"，第二个字母不同，"O"与"A"之差为 79-65=14）。如果 s1>s2，则输出正值，如果 s1<s2，则输出负值。

C 源程序：（文件名：sy7-4.c）

```
#include<stdio.h>
int main()
{ int strcmp(char *p1,char *p2);
  int m;
  char str1[20],str2[20],*p1,*p2;
  printf("input two strings:\n");
  scanf("%s",str1);
  scanf("%s",str2);
  p1=&str1[0];
  p2=&str2[0];
  m=strcmp(p1,p2);
  printf("result:%d,\n",m);
  return 0;
}
int strcmp(char *p1,char *p2)       /*两个字符串比较函数*/
{ int i;
  i=0;
  while(*(p1+i)==*(p2+i))
  if (*(p1+i++)=='\0') return(0);     /*相等时返回结果 0 */
  return(*(p1+i)-*(p2+i));            /*不等时返回结果为第一个不等字符 ASCII 码的差值*/
}
```

运行结果 1

input two strings:

Chen CHINA

result:32,

运行结果 2

input two strings:

word word

result:0,

【实验 7-5】 编程将从键盘上输入的每个单词的第一个字母转换成大写字母，输入时各单词必须用空格隔开，用 "." 结束输入。

C 源程序：（文件名：sy7-5.c）

```c
#include<stdio.h>
int fun(char *c,int status)
{
    if(*c=='')
    return 1;
    else{
        if(status && *c<='z' && *c>='a')
        *c+='A'-'a';
        return 0;
        }
}
void main()
{
int flag=1;
char ch;
printf("输入一字符串，用点号结束输入！\n");
do {
    ch=getchar();
    flag=fun(&ch,flag);
    putchar(ch);
    }while(ch!='.');
printf("\n");
}
```

运行结果:

输入一字符串，用点号结束输入！

i am a student.

I Am A Student.

7.4 教材习题答案

一、选择题

1 ~ 5：BAADD 6 ~ 10：BCABA

二、填空题

1. CDG

2. GFEDCB

3. abcdcd

4. ab

5. 7

三、改错题

1. 将程序中的所有*t 改为 t

2. 将 printf 语句中的*p 改为 p

将 q=ch+strlen(ch)改为 q=ch+strlen(ch)-1

将 t=p；p=q；q=t；改为 t=*p；*p=*q；*q=t；

3. 将 char str1 []="abcd"改为 char str1 [10]="abcd"

将 str1[i]=*str2+j；改为 str1[i]=*(str2+j)；

将 str1[j]='\0'；改为 str1[i]='\0'；

四、编程题

1. 输入 3 个整数 a，b，c，要求按大小顺序将它们输出。用函数实现改变这 3 个变量的值。

C 源程序：（文件名：xt7-1.c）

```c
#include <stdio.h>
void main()
{ void exchange(int *q1, int *q2, int *q3);
  int a,b,c,*p1,*p2,*p3;
  printf("请输入三个整数：");
  scanf("%d%d%d",&a,&b,&c);
  p1=&a;p2=&b;p3=&c;
  exchange(p1,p2,p3);
  printf("%d,%d,%d\n",a,b,c);
}
void exchange(int *q1, int *q2, int *q3)
{ void swap(int *pt1, int *pt2);
  if(*q1<*q2)
  swap(q1,q2);
  if(*q1<*q3)
  swap(q1,q3);
```

```
    if(*q2<*q3)
    swap(q2,q3);
  }
  void swap(int *pt1, int *pt2)
  { int temp;
    temp=*pt1; *pt1=*pt2;    *pt2=temp;
  }
```

2. 有一字符串 a，内容为：My name is Li jilin.，另有字符串 b，内容为：Mr. Zhang Haoling is very happy.。写一函数，将字符串 b 中从第 5 个到第 17 个字符复制到字符串 a 中，取代字符串 a 中第 12 个字符以后的字符。输出新的字符串。

C 源程序：（文件名：xt7-2.c）

```
#include <stdio.h>
#include <string.h>
void main()
{
  void copystr( char *,char *);
  char stra*40+="My name is Li jilin.",strb*40+="Mr. zhang Haoling is very happy.";
  copystr(stra,strb);
  printf("新的字符串是：%s\n",stra);
}
void copystr( char *p1,char *p2)
{
  int m=11,n1=4,n2=16;
  p1=p1+m;
  p2=p2+n1;
  while(n1<=n2)
{*p1=*p2;
  p1++;
  p2++;
  n1++;
}
*p1='\0';
}
```

3. 编写一程序，输入月份号，输出该月的英文月名。例如，输入"3"，则输出"March"，要求用指针数组处理。

C 源程序：（文件名：xt7-3.c）

```
#include <stdio.h>
int main()
{ char *month_name[13]={"illegal month","January","February","March","April", "May",
        "June","july","August","September","October", "November","December"};
  int n;
  printf("input month:\n");
  scanf("%d",&n);
  if ((n<=12) && (n>=1))
    printf("It is %s.\n",*(month_name+n));
    else
    printf("It is wrong.\n");
    return 0;
}
```

运行结果（见图 7-4）：

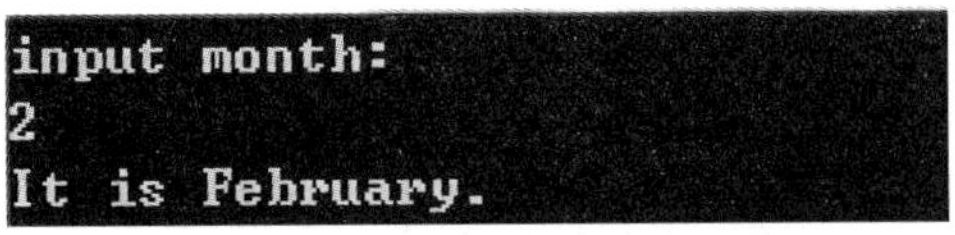

```
input month:
2
It is February.
```

图 7-4　习题 7-3 运行结果

4. 用指针数组处理一题目：在主函数输入 10 个等长的字符串，用另一函数对它们排序，然后在主函数输出这 10 个已经排好序的字符串，字符串不等长。

C 源程序：（文件名：xt7-4.c）

```
#include <stdio.h>
#include <string.h>
int main()
{ void sort(char *[]);
  int i;
  char *p[10],str[10][20];
  for (i=0;i<10;i++)
    p[i]=str[i];
  printf("input 10 strings:\n");
    for (i=0;i<10;i++)
    scanf("%s",p[i]);
  sort(p);
  printf("Now,the sequence is:\n");
```

```
    for (i=0;i<10;i++)
        printf("%s\n",p[i]);
    return 0;
}
void sort(char *s[])
{   int i,j;
    char   *temp;
    for (i=0;i<9;i++)
     for (j=0;j<9-i;j++)
        if (strcmp(*(s+j),*(s+j+1))>0)
        {   temp=*(s+j);
            *(s+j)=*(s+j+1);
            *(s+j+1)=temp;
        }
}
```

运行结果（见图 7-5）：

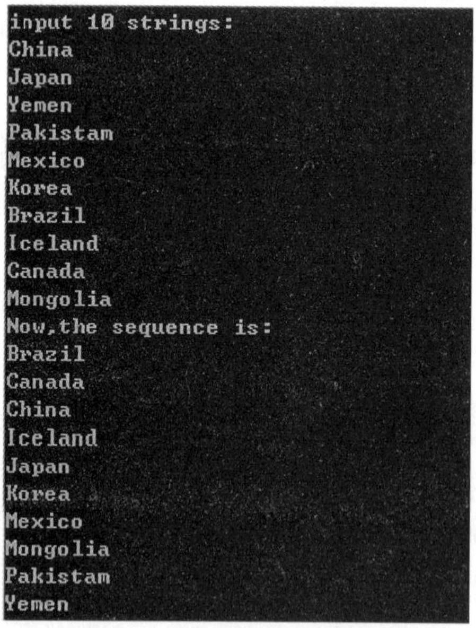

图 7-5　习题 7-4 运行结果

第 8 章　模块化程序设计

8.1　知识介绍

1. 函数的基本概念

C 源程序是由函数组成的。函数是形式上独立、功能上完整的程序段。在 C 程序设计中，常将一些常用功能模块编写成函数。函数可以完成特定的计算或操作处理功能。

2. 函数的定义

函数定义的一般格式如下：

```
[类型名]函数名（类型  形式参数 1，类型  形式参数 2，……）//函数头
{                        //函数体
    定义部分
    语句部分
}
```

说明：

（1）函数名不能与该函数中其他标识符重名，也不能与本程序中其他函数名相同。

（2）形式参数简称形参。定义函数后，形参并没有具体的值，只有当其他函数调用该函数时，各形参才会得到具体的值，因此形参必须是变量。不管形参如何起名，都不会影响函数的功能，形参只是一个形式上的参数。函数可以没有形参，但函数名后的一对圆括号不能省略。每个形参的类型必须单独定义，且各组之间用逗号隔开。

（3）如果调用函数后需要函数值，则在函数首部的最前面给出该函数值的类型，并且在函数体中用 return 语句将函数值返回；若不需要得到函数值，则将函数值的类型定义为 void。

（4）在函数体内用到的变量，除形参外必须在其定义部分给出定义。

3. 函数的声明

函数声明的一般格式如下：

　　　　　　　　[类型说明符]函数名（形式参数列表）；

函数声明的格式就是在函数定义格式的基础上去掉函数体，再加上分号构成的，即在函数头后面加上分号。函数调用的接口信息必须提前提供，因此函数原型必须位于该函数的第一次调用处之前。在函数声明时，重要的是形参类型和形参个数，形参的名字是不重要的，可以不写。

4. 函数的形参

在定义函数时，函数名后面括号中的变量名称为"形式参数"。在函数调用之前，传递给函数的值将被赋值到这些形式参数中。

5. 函数的实参

在调用一个函数时，也就是真正使用一个函数时，函数名后面括号中的参数为"实际参数"。函数的调用者提供给函数的参数叫实际参数。实际参数是表达式计算的结果，并且被复制给函数的形式参数。

6. 函数的返回值

通常我们希望通过函数调用使主调函数得到一个确定的值，这个值就是函数的返回值，简称函数值。函数的返回值通过函数中的返回语句 return 将被调函数中的一个确定的值带回到主调函数中去。

return 语句的一般形式为：

>   return（表达式）；

或

>   return 表达式；

或

>   return；

7. 函数的调用

函数调用的一般形式为：

>   函数名（实际参数表）

说明：

（1）调用函数时，函数名称必须与具有该功能的自定义函数名称完全一致。如果是调用无参函数，则实参列表可以没有，但括号不能省略。

（2）实际参数表中的参数简称实参，对无参函数调用时则无实际参数表。实际参数表中的参数可以是常数、变量或表达式。如果参数不止 1 个，则相邻实参之间用逗号分隔。

（3）实参的个数、类型和顺序，应该与被调函数所要求的参数个数、类型和顺序一致，才能正确地进行数据传递。如果类型不匹配，C 语言编译程序将按赋值兼容的规则对其进行转换。如果实参和形参的类型不赋值兼容，通常并不给出出错信息，且程序仍然继续执行，只是得不到正确的结果。

8. 函数调用的方式

函数调用的方式有以下三种。

（1）函数语句。

C 语言中的函数可以只进行某些操作而不返回函数值，这时的函数调用作为一条独立的语句存在。函数调用的一般形式加上分号即构成函数语句。

例如：

```
printf("%d",x);
scanf("%d",&b);
```

都是以函数语句的方式调用函数。

（2）函数表达式。

函数作为表达式的一项，出现在表达式中，以函数返回值参与表达式的运算。这种方式要求函数是有返回值的。

例如：

y=4-max(x,z);

函数 max 是表达式的一部分，4 减去它的值然后赋值给 y。

（3）函数参数。

函数作为另一个函数调用的实际参数出现。这种情况是把该函数的返回值作为实参进行传送，因此要求该函数必须是有返回值的。

例如：

z=max(a,max(b,c));

其中，max(b,c)是一次函数调用，它的值作为 max 另一次调用的实参。z 的值是 a、b、c 三者最大的。

9. 函数的嵌套调用

嵌套调用函数，即在调用一个函数的过程中，可以再调用另一个函数。如图 8-1 所示。

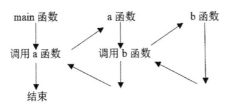

图 8-1　函数嵌套调用的执行过程

10. 函数的递归调用

一个函数在它的函数体内直接或间接地调用它自身，称为递归调用。这种函数称为递归函数。

11. 数组作为函数的参数

（1）数组元素作为函数的实参。

数组元素就是下标变量，它与普通变量并无区别，因此作为函数实参使用与普通变量完全相同。在调用函数时，把作为实参的数组元素的值传递给形参，实现单向的值传送。

（2）数组名作为函数的实参。

用数组名作函数的参数可以解决函数只能有一个返回值的问题。数组名代表数组的首地址，在数组名作为函数的参数时，形参和实参都应该是数组名。在函数调用时，实参给形参传递的数据是实参数组的首地址，即实参数组和形参数组完全等同，是存放在同一存储空间的同一个数组，形参数组和实参数组共享存储单元。如果在函数调用过程中形参数组的内容被修改了，实际上也是修改了实参数组的内容。

12. 指针作为函数的参数

指针作为函数参数，参数传递时采用的是传址方式。

其实现方法如下：

被调函数中的形参：指针变量。

主调函数中的实参：地址表达式，一般为变量的地址或取得变量地址的指针变量。

13. 函数的返回值为指针

一个函数可以返回一个整型值、字符值、实型值等，也可以返回指针型的数据，即地址。定义返回指针值的函数的原型的一般形式如下：

类型名 *函数名（参数列表）;

14. main 函数的参数

在运行程序时，有时需要将必要的参数传递给主函数。主函数 main 的形式参数如下：

```
main（int argc，char *argv[]）
```

两个特殊的内部形参 argc 和 argv 是用来接收命令行实参的，这是只有主函数 main 具有的参数。

- argc 参数保存命令行的参数个数，是整型变量。这个参数的值至少是 1，因为至少程序名就是第一个实参。

- argv 参数是一个字符指针数组，这个数组中的每一个元素都指向命令行实参。所有命令行实参都是字符串，任何数字都必须由程序转变成为适当的格式。

15. 变量的作用域

变量按作用域范围可分为局部变量和全局变量两种。

（1）局部变量。

在一个函数或复合语句内定义的变量，称为局部变量，局部变量也称为内部变量。局部变量仅在定义它的函数或复合语句内有效。

（2）全局变量。

全局变量也称为外部变量，它是在函数外部定义的变量。它不属于哪一个函数，它属于一个源程序文件。其作用域是整个源程序文件，可以被本文件中的所有函数共用。

16. 变量的存储类别

在 C 语言中，每一个变量和函数都有两个属性：数据类型和存储类型。数据类型大家都熟知，如整型、浮点型等。存储类型指的是数据在内存中存储的方式。根据存储类型，可以知道变量的作用域和生存期。因此对一个变量不仅应说明其数据类型，还应说明其存储类型。

变量定义的完整形式如下：

存储类型标识符　数据类型标识符　变量名;

存储类型包括自动（auto）、寄存器（register）、外部（extern）和静态（static）。

（1）auto 变量。

由于自动变量极为常用，所以 C 语言把它设计成默认的存储类型，即 auto 可以省略不写。如果没有指定变量的存储类型，那么变量的存储类型就默认为 auto。

（2）register 变量。

将局部变量的值放在 CPU 的寄存器中，需要用时直接从寄存器取出参加运算即可，不必再到内存中去存取。由于寄存器的存取速度远高于内存的存取速度，因此这样做可以提高执行效率。这种变量叫做"寄存器变量"，用关键字 register 做声明。

（3）extern 变量。

extern 变量是在函数外定义的变量，又称"外部变量"或"全局变量"。

（4）static 变量。

静态变量存放在内存中的静态存储区。编译时为静态变量分配内存单元，在整个程序运行期间，变量占有该内存单元，程序结束后，这部分空间才被释放，所以其生存期为整个程序。

17. 宏定义命令

宏定义命令#define 用来定义一个标识符和一个字符串，以这个标识符来代表这个字符串，在程序中每次遇到该标识符时就表示所定义的字符串。

（1）不带参数的宏定义一般形式如下：

    #define 宏名 字符串

（2）带参数的宏定义一般形式如下：

    #define 宏名（形参表） 字符串

18. 文件包含命令

在一个源文件中使用#include 命令可以将另一个源文件的全部内容包含进来，也就是将另外的文件包含到本文件之中。

19. 条件编译命令

预处理程序提供了条件编译的功能，可以按不同的条件去编译不同的程序部分，因而产生不同的目标代码文件，这对于程序的移植和调试是很有用的。#if、#else、#endif、#ifdef 和#ifndef 都属于条件编译命令，可对程序源代码的各部分有选择地进行编译。

8.2 简单函数的定义及调用

8.2.1 实验目的

（1）掌握函数的定义；
（2）掌握函数的调用。

8.2.2 实验内容

【例 8-1】 通过调用函数求两个数的和。

[分析]：略。

[N-S 流程图]：略。

C 源程序（文件名 li8_1.c）：

#include <stdio.h>

```
int myadd(int x,int y)    /*返回值的类型为 int 型*/
{
    int z=0;
    z=x+y;
    return z;
}
void main()
{
    int a=1,b=2,c=0;
    c=myadd(a,b);
    printf("%d+%d=%d\n",a,b,c);
}
```

运行结果（见图 8-2）：

图 8-2 例 8-1 运行结果

☺举一反三

【实验 8-1】 试着不用 return 语句，通过函数调用，实现两个数相加。

【实验 8-2】 利用函数调用，实现如图 8-3 所示的输出。

$$
\begin{array}{c}
\$ \\
\$\$\$ \\
\$\$\$\$\$ \\
\$\$\$\$\$\$\$
\end{array}
$$

图 8-3 实验 8-2 输出图形

【例 8-2】 用递归方法，将一个正整数从右到左按位输出，例如，对于整数 1234，则输出 4321。

[分析]：在 fun 函数中，利用 a%10 求出低位数，然后在函数中打印出来，再利用 a/10 得到去掉低位数后的数，成为新的数后，再作为新的参数调用自己，打印出倒数第二位数，以此类推，按从最低位到最高位的顺序打印出来，就实现了从右到左按位输出。

[N-S 流程图]：略。

C 源程序（文件名 li8_2.c）：

```
#include <stdio.h>
void fun(long a);
void main()
{
    long a;
printf("Input a(>0):");
scanf("%ld",&a);
printf("Number is :a=%ld\n",a);
fun(a);
printf("\n");
}
void fun(long a)
{
    printf("%ld",a%10);
    if(a/10!=0)
        fun(a/10);
}
```
运行结果（图 8-4）：

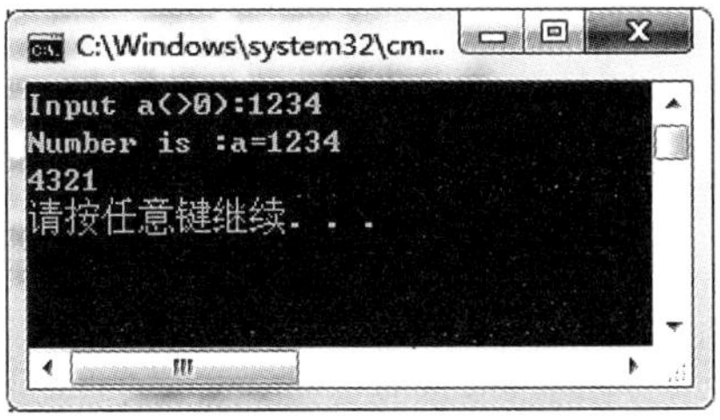

图 8-4 例 8-2 运行结果

☺举一反三

【实验 8-3】 用递归方法调用函数 fun(int n)，计算 1+2+3+…+n 的和。

【实验 8-4】 用递归方法计算 $1^2+2^2+3^2+…+n^2$ 的值，n 的值由键盘输入。

8.2.3 实验参考

【实验 8-1】 试着不用 return 语句，通过函数调用，实现两个数相加。

[分析]：不用 return 语句，这时只能在被调函数里，直接访问主函数中存放和值的存储单元，所以必须把变量的地址作为实参。

[N-S 流程图]：略。

C 源程序（文件名 sy8_1.c）：

```
#include <stdio.h>
void myadd(int x,int y,int *p)   /*返回值的类型为 int 型*/
{
```

```
        *p=x+y;
    }
    void main()
    {
        int a=1,b=2,c=0;
        myadd(a,b,&c);
        printf("%d+%d=%d\n",a,b,c);

    }
```

【实验 8-2】 利用函数调用，实现如图 8-3 所示的输出。

[分析]：略。

[N-S流程图]：略。

C 源程序（文件名 sy8_2.c）：

```
#include <stdio.h>
void a(int n)
{int i;
for(i=0;i<=5-n;i++)
    putchar(' ');
    for(i=1;i<=2*n+1;i++)
    putchar('$');
    putchar('\n');
}
void main()
{
    int i;
    for(i=0;i<=3;i++)
        a(i);
}
```

运行结果（见图 8-5）：

图 8-5 实验 8-2 运行结果

【实验 8-3】 用递归方法调用函数 fun(int n)，计算 1+2+3+…+n 的和。

[分析]：略。

[N-S 流程图]：略。

C 源程序（文件名 sy8_3.c）：

```c
#include <stdio.h>
double fun(int n)
{double sum;
if(n==1)
    return 1;
sum=n+fun(n-1);
return sum;
}
void main()
{
    double sum;
    int n;
    printf("请输入整数 n:");
    scanf("%d",&n);
    sum=fun(n);
    printf("1+2+3+…+n 的值是：%lf\n",sum);
}
```

运行结果（见图 8-6）：

图 8-6　实验 8-3 运行结果

【实验 8–4】　用递归方法计算 $1^2+2^2+3^2+\cdots+n^2$ 的值，n 的值由键盘输入。

[分析]：假设用 f(n)表示 $1^2+2^2+3^2+\cdots+n^2$，则可用以下公式表示：

$$f(n)=\begin{cases}1, n=1\\ n^2+f(n-1), n>1\end{cases}$$

编写函数，计算 f(n)的值，当 n 大于 1 时，返回 n^2+f(n-1)的值。当计算 f(n-1) 值的时候，又需要调用函数，这时实参的值已比原来的值小 1，每次调用重复上面的过程，直到当 n=1 时，得出具体的值。然后反推求出最后的结果。

[N-S 流程图]：略。

C 源程序（文件名 sy8_4.c）：

```
#include <stdio.h>
long int f(int n);
long f(int n)
{long x;
if(n==1)
    x=1;
else
    x=n*n+f(n-1);
return x;
}
void main()
{
    int n;
    long x;
    printf("Input data:");
    scanf("%d",&n);
    if(n<=0)
        printf("Input error!\n");
    else
    {
        x=f(n);
        printf("x=%ld\n",x);
    }
}
```

运行结果（见图 8-7）：

图 8-7 实验 8-4 运行结果

8.3 数组作为函数参数

8.3.1 实验目的

（1）掌握数组作参数的函数的定义；

（2）掌握函数的传地址调用方法。

8.3.2　实验内容

【例 8-3】　写一个函数，使给定的一个 3×3 的二维整型数组转置，即行列互换。

[分析]: 略。

[N-S 流程图]: 略。

C 源程序（文件名 li8_3.c）:

```c
#include <stdio.h>
#define N 3
int array[N][N];
void main()
{
    void convert(int array[][3]);
    int i ,j;
    printf("input array:\n");
    for(i=0;i<N;i++)
        for(j=0;j<N;j++)
            scanf("%d",&array[i][j]);
    printf("\noriginal array:\n");
    for(i=0;i<N;i++)
    {for(j=0;j<N;j++)
    printf("%5d",array[i][j]);
    printf("\n");
    }
    convert(array);
    printf("convert array:\n");
    for(i=0;i<N;i++)
    {for(j=0;j<N;j++)
    printf("%5d",array[i][j]);
    printf("\n");
    }
}
void convert(int array[][3])
{
    int i,j,t;
    for(i=0;i<N;i++)
        for(j=i+1;j<N;j++)
```

```
{t=array[i][j];

array[i][j]=array[j][i];

array[j][i]=t;

}

}
```

运行结果（见图 8-8）：

图 8-8　例 8-3 运行结果

☺举一反三

【实验 8-5】 写一个函数，使输入的一个字符串按反序存放，在主函数中输入和输出字符串。

【实验 8-6】 调用函数实现输出图 8-9 所示的杨辉三角形。

图 8-9　杨辉三角形

8.3.3　实验参考

【实验 8-5】 写一个函数，使输入的一个字符串按反序存放，在主函数中输入和输出字符串。

[N-S 流程图]：略。

C 源程序（文件名 sy8_5.c）：

```c
#include <stdio.h>
#include <string.h>
void main()
{
    void inverse(char str[]);
    char str[100];
    printf("input string:");
    scanf("%s",str);
    inverse(str);
    printf("inverse string:%s\n",str);
}

void inverse(char str[])
{
    char t;
    int i,j;
    for(i=0,j=strlen(str);i<(strlen(str)/2);i++,j--)
    {
        t=str[i];
        str[i]=str[j-1];
        str[j-1]=t;
    }
}
```

运行结果（见图 8-10）：

图 8-10　实验 8-5 运行结果

【实验 8-6】 调用函数实现输出图 8-9 所示的杨辉三角形。

[分析]：略。

[N-S 流程图]：略。

C 源程序（文件名 sy8_6.c）：

```c
#include <stdio.h>
#define N 6
```

```
void myfun(int a[N][N]);
void myout(int a[N][N]);
void main()
{
    int a[N][N]={0};
    myfun(a);
    myout(a);
}

void myfun(int a[N][N])
{
    int i=0,j=0;
    for(i=0;i<N;i++)
    {a[i][0]=1;
    a[i][i]=1;}
    for(i=2;i<N;i++)
        for(j=1;j<i;j++)
            a[i][j]=a[i-1][j-1]+a[i-1][j];
}
void myout(int a[N][N])
    {
    int i=0,j=0;
    for(i=0;i<N;i++)
    {for(j=0;j<=i;j++)
            printf("%5d",a[i][j]);
    printf("\n");
    }
}
```

运行结果（见图 8-11）：

图 8-11　实验 8-6 运行结果

8.4 教材习题答案

一、选择题

1~5：BAACB　　　　　6~10：CDCDB

二、填空题

1.（1）n<=t　　　（2）n

2.（1）int n　　　（2）n*i

3.（1）a+b+c　　　（2）b=c

三、改错题

1. （1）int sum(int n)

（2）total=total+(2*i-1);

2. （1）int isprime(int m)　　（2）return 0;　　（3）if(a%i==0 && isprime(i))

3. （1）k=i;　　　（2）for(j=i+1;j<len;j++)　　（3）k=j;

四、程序阅读题

1. p=27

2. 2

3. 　　3　　7

五、程序设计题

1. 写一个函数，输入一行字符，将此字符串中最长的单词输出。

[分析]：单词是全由字母组成的字符串，程序中设 longest 函数的作用是找出最长单词的位置。此函数的返回值是该行字符中最长单词的起始位置。

[N-S 流程图]（见图 8-12）：

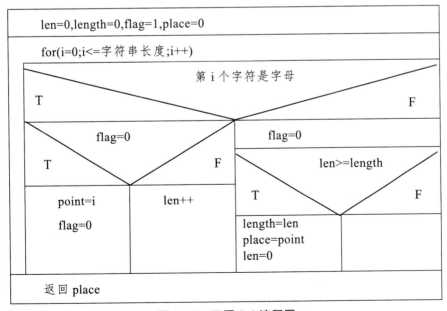

图 8-12　习题 8-1 流程图

图中 flag 表示单词是否已开始，flag=0 表示未开始，flag=1 表示单词开始；len 代表当前单词已累计的字母个数；length 代表先前单词中最长单词的长度；point 代表当前单词的起始位置（用下标表示）；place 代表最长单词的起始位置。函数 alphabetic 的作用是判断当前字符是否是字母，若是，则返回 1，否则返回 0。

C 源程序（文件名 xt8_1.c）：

```c
#include <stdio.h>
#include <string.h>
void main()
{
    int alphabetic(char);
    int longest(char[]);
    int i;
    char line[100];
    printf("input one line:\n");
    gets(line);
    printf("The longest word is:");
    for(i=longest(line);alphabetic(line[i]);i++)
        printf("%c",line[i]);
    printf("\n");
}
int alphabetic(char c)
{
    if((c>='a'&&c<='z')||(c>='A'&&c<='Z'))
        return 1;
    else
        return 0;
}
int longest(char string[])
{
    int len=0,i,length=0,flag=1,place=0,point;
    for(i=0;i<=strlen(string);i++)
        if(alphabetic(string[i]))
            if(flag)
            {
                point=i;
                flag=0;
            }
```

```
        else
            len++;
    else
    {
        flag=1;
        if(len>=length)
        {
            length=len;
            place=point;
            len=0;
        }
    }
    return(place);
}
```

运行结果：

input one line:

I am a student.【Enter】

The longest word is :student

2. 请编写程序，其功能是调用函数 MyInt 求实数的小数部分。例如，对于 3.1415926，函数返回 0.141593。

[分析]：略。

[N-S 流程图]：略。

C 源程序（文件名 xt8_2.c）：

```c
#include <stdio.h>
float MyInt(float x)
{
    float value;
    value=x-(int)x;
    return value;
}
void main()
{
    float x;
    printf("input x:");
    scanf("%f",&x);
    printf("%f\n",MyInt(x));
}
```

3. 请编写程序，用递归算法求出斐波拉契级数的第 n 项。斐波拉契级数的前两项为 1，从第 3 项起每项是前两项的和，即 1,1,2,3,5,8,13……。

[分析]：略。

[N-S 流程图]：略。

C 源程序（文件名 xt8_3.c）：

```c
#include <stdio.h>
long fun(int n);
void main()
{
    int n;
    long itemn;
    printf("input n:");
    scanf("%d",&n);
    itemn=fun(n);
    printf("The %d item is :%ld\n",n,itemn);
}
long fun(int n)
{
    long s;
    if(n==1||n==2)
        return 1;
    s=fun(n-1)+fun(n-2);
    return s;
}
```

第 9 章　构造型数据类型

9.1　知识介绍

1. 结构体数据类型

一种自定义的数据类型。结构体类型内的每一项称为结构体类型的一个成员，成员有类型与成员名，其类型可以是 C 语言的任何预定义类型，也可以是用户定义的任何类型。

2. 结构类型的定义形式

```
struct　结构体名
{
    成员项表列;
};
```

3. 结构变量的定义形式

（1）一般定义形式：

```
类型标识符　<变量名列表>;
```

例如：struct　person　stu，worker；

（2）在定义一个结构体类型的同时定义结构体类型变量：

```
struct <结构体名>
{
    成员项列表;
}<变量名列表>;
```

4. 结构体变量成员的引用

（1）引用结构体变量中的成员。

引用格式：

```
<结构变量名>.<成员名>
```

例如：stu.no、stu.age、stu.name[0]等。

成员名不能单独代表变量，不能直接使用结构中的成员名。

若结构体类型中含有另一个结构类型，访问该成员时，应采取逐级访问的方法。

（2）将结构体变量作为一个整体来使用。

结构体变量可以相互赋值。

5. 结构体数组的定义

（1）先定义结构体，再定义结构体数组。

```
struct <结构体名>
{
        <成员项表列>
};
struct <结构体名>   <数组名> [<数组大小>];
```

（2）在定义结构体的同时，定义结构体数组。

```
struct <结构体名>
{
        <成员项表列>
}<数组名>[<数组大小>];
```

（3）直接定义结构体变量而不定义结构体名。

```
struct
{
        <成员项表列>
}<数组名>[<数组大小>];
```

6. 结构体指针

所谓结构体指针就是指向结构体变量的指针，一个结构体变量的起始地址就是这个结构体变量的指针。如果把一个结构体变量的起始地址存放在一个指针变量中，那么，这个指针变量就指向该结构体变量。

（1）指向结构体变量的指针；

（2）指向结构体数组的指针。

7. 链表的基本概念

（1）链表指的是将若干个数据项按一定的规则连接起来的表。

（2）链表中的数据项称为结点。

（3）链表中每一个结点的数据类型都有一个自引用结构。

（4）自引用结构就是结构成员中包含一个指针成员，该指针指向与自身同一个类型的结构。

8. 共用体数据类型

共用体又称为联合体。

共用体类型与结构体类型的相同之处：定义形式与结构体类型的定义形式相同。

不同之处：① 关键字不同，共用体的关键字为 union；② 占用的内存单元不同。

9. 枚　举

枚举是指将变量的取值——列举出来，变量的值只限于列举出来的值的范围。

枚举类型定义的一般形式：

　　　　enum <枚举类型名>{标识符 1，标识符 2，……，标识符 n}；

枚举常量的起始值为 0。

9.2　结构体

9.2.1　实验目的

（1）掌握结构体类型的概念及其定义形式；

（2）掌握结构体类型变量的定义及变量成员的引用形式；

（3）加深对构造型数据类型的认识和理解。

9.2.2　实验内容

【例 9-1】　利用结构体定义学生基本信息并输出。

[分析]：先在程序中自己建立一个结构体类型 score，包括学生的 3 门考试成绩，再建立一个结构体类型 stu，包括有关学生信息的各成员。然后用它来定义结构体变量，同时直接赋予初值（学生的信息）。最后输出该结构体变量的各成员（即该学生的信息）。

[N-S 流程图]：略。

C 源程序（文件名 li9_1.c）：

```c
#include <stdio.h>
struct score
{
    int math;     /* 数学成绩 */
    int eng;      /* 英语成绩 */
    int comp;      /* 计算机成绩 */
};
/* 定义学生基本信息结构：*/
struct stu
{
    char name[12];      /* 姓名 */
    char sex;           /* 性别 */
    long StuClass;       /* 学号 */
    struct score sub;    /* 成绩 */
}
main()
{
    struct stu student1={"Na Ming",'M',990324,88,80,90};
    struct stu student2;
    student2=student1;
```

```
student2.name[0]='H';
student2.name[1]='u';
student2.StuClass=990325;
student2.sub.math=83;
printf("姓名\t 性别\t 学号\t\t 数学成绩\t 英语成绩\t 计算机成绩\n");
printf("%s\t%c\t%ld\t\t%d\t\t%d\t\t%d\n",student1.name,
student1.sex,student1.StuClass,student1.sub.math,
student1.sub.eng,student1.sub.comp);
printf("%s\t%c\t%ld\t\t%d\t\t%d\t\t%d\n",student2.name,
student2.sex,student2.StuClass,student2.sub.math,
student2.sub.eng,student2.sub.comp);
}
```

运行结果（见图 9-1）：

姓名   性别   学号   数学成绩   英语成绩   计算机成绩
Na Ming M   990324   88   80   90
Hu Ming M   990325   83   80   90
Press any key to continue

图 9-1   例 9-1 运行结果

☺**举一反三**

【**实验 9-1**】 试利用指向结构体的指针编制一程序，实现输入三个学生的学号、计算期中成绩、计算期末成绩，然后计算其平均成绩并输出成绩表。

【**例 9-2**】 计算学生的平均成绩和不及格的人数。

[分析]：先在程序中自己建立一个结构体类型 student，包括有关学生信息的各成员。然后用它来定义结构体数组，同时直接赋予初值（每个学生的信息）。通过 for 循环遍历结构体数组，将成绩成员进行求和，同时判断低于 60 分的情况并计数。

[N-S 流程图]：略。

C 源程序（文件名 li9_2.c）：

```
#include <stdio.h>
struct student
{
    int num;
    char *name;
    char sex;
    float score;
}st[5]={{10001,"Li ming",'M',49},{10002,"Zhang san",'M',66.5},
{10003,"Huang ping",'F',82},{10004,"Zhao ling",'F',57},{10005,"Peng fa",'M',68.5}
};
main()
```

```
{
    int i,c=0;
    float ave,s=0;
    for(i=0;i<5;i++)
    {
        s+=st[i].score;
        if(st[i].score<60) c+=1;
    }
        printf("s=%f\n",s);
    ave=s/5;
        printf("average=%f\ncount=%d\n",ave,c);
    }
```

运行结果：

s=323.000000

average=64.599998

count=2

☺举一反三

【实验 9-2】　统计学生成绩中不及格的名单。

9.2.3　实验参考

【实验 9-1】　试利用指向结构体的指针编制一程序，实现输入三个学生的学号、计算期中成绩、计算期末成绩，然后计算其平均成绩并输出成绩表。

[分析]：先在程序中自己建立一个结构体类型 stu，包括有关学生信息的各成员。然后用它来定义结构体数组。定义一个指向该结构体类型的指针，并指向数组的首地址，然后通过指针的移动循环输入学生的学号、期中成绩、期末成绩，同时计算得到学生的平均分。最后将指针指回数组的首地址，循环遍历数组，输出成绩表。

[N-S 流程图]：略。

C 源程序（文件名 sy9_1.c）：

```
#include <stdio.h>
struct stu
{
    int num;
    int mid;
    int end;
    int ave;
}s[3];
main()
```

```
    {
        int i;
        struct stu *p;
        for(p=s;p<s+3;p++)
        {
            scanf("%d %d %d",&(p->num),&(p->mid),&(p->end));
            p->ave=(p->mid+p->end)/2;
        }
        for(p=s;p<s+3;p++)
            printf("%d %d %d %d\n",p->num,p->mid,p->end,p->ave);
    }
```
运行结果：
1 78 87✓
2 88 90✓
3 76 70✓
1 78 87 82
2 88 90 89
3 76 70 73

【实验 9-2】 统计学生成绩中不及格的名单。

[分析]：略。

[N-S流程图]：略。

C 源程序（文件名 sy9_2.c）：

```
#include <stdio.h>
struct student
{
    int num;
    char name[15];
    float score;
}st[6]={{10001,"Zhang han",88 },{10002,"Li jian", 50.5},{10003,"Wu hao",65},
{10004,"Li fang",56.5},{10005,"Han lin", 90 },{10006,"Liu hua",70}};
main()
{
    struct student *pst;
    int count=0;
    printf("不及格名单： \n");
    for(pst=st;pst<st+6;pst++)
        if (pst->score<60)
        {
```

```
            count++;
            printf("%d: %s, %5.1f\n", pst->num,pst->name,pst->score);
        }
    printf("不及格人数：%d\n",count);
}
```

运行结果：

不及格名单：

10002:Li jian, 50.5

10004:Li fang, 56.5

不及格人数:2

9.3　链　表

9.3.1　实验目的

（1）理解链表概念，掌握它的定义形式；

（2）掌握链表的引用形式；

（3）熟悉链表的操作。

9.3.2　实验内容

【例 9-3】 编写程序，创建一个链表，该链表可以存放从键盘输入的任意长度的字符串，以按下回车键作为输入的结束。统计输入的字符个数并将其字符串输出。

[分析]：略。

[N-S 流程图]：略。

C 源程序（文件名 li9_3.c）：

```c
#include <stdlib.h>
#include <stdio.h>
struct string
{
    char ch;
    struct string *nextPtr;
};
struct string *creat(struct string *h);
void print_string(struct string *h);
int num=0;
main()
{
    struct string *head;                    /*定义表头指针*/
    head=NULL;                              /*创建一个空表*/
```

```
        printf("请输入一行字符（输入回车时程序结束）:\n");
        head=creat(head);                       /*调用函数创建链表*/
        print_string(head);                     /*调用函数打印链表内容*/
        printf("\n 输入的字符个数为：%d\n",num);
    }
    struct string *creat(struct string *h)
    {
        struct string *p1,*p2;
        p1=p2=(struct string*)malloc(sizeof(struct string));     /*申请新结点*/
        if(p2!=NULL)
        {
            scanf("%c",&p2->ch);           /*输入结点的值*/
            p2->nextPtr=NULL;              /*新结点指针成员的值赋为空*/
        }
        while(p2->ch!='\n')
        {
            num++;                         /*字符个数加 1 */
            if(h==NULL)
               h=p2;                       /*若为空表，接入表头*/
            else
               p1->nextPtr=p2;             /*若为非空表，接入表尾*/
            p1=p2;
            p2=(struct string*)malloc(sizeof(struct string));     /*申请下一个新结点*/
            if(p2!=NULL)
            {
                scanf("%c",&p2->ch);       /*输入结点的值*/
                p2->nextPtr=NULL;
            }
        }
        return h;
    }
    void print_string(struct string *h)
    {
        struct string *temp;
        temp=h;                            /*获取链表的头指针*/
        while(temp!=NULL)
        {
            printf("%-2c",temp->ch);       /*输出链表结点的值*/
            temp=temp->nextPtr;            /*移到下一个结点*/
```

```
      }
   }
```

运行结果（见图 9-2）：

图 9-2 例 9-3 运行结果

☺举一反三

【实验 9-3】 编写程序，从键盘输入一个矩形的左下角和右上角的坐标，输出该矩形的中心点坐标值，再输入任意一个点的坐标，判断该点是否在矩形内。

【例 9-4】 编写程序，用链表的结构建立一条公交线路的站点信息，从键盘依次输入从起点到终点的各站站名，以单个"#"字符作为输入结束，统计站的数量并输出这些站点。

[分析]：略。

[N-S 流程图]：略。

C 源程序（文件名 li9_4.c）：

```c
#include <stdlib.h>
#include <stdio.h>
#include <conio.h>
struct station
{
    char name[20];
    struct station *nextSta;
};
struct station *creat_sta(struct station *h);
void print_sta(struct station *h);
int num=0;
main()
{
    struct station *head;
    head=NULL;
    printf("请输入站名:\n");
    head=creat_sta(head);
    printf("--------------------------\n");
    printf("共有%d 个站点:\n",num);
    print_sta(head);
}
struct station *creat_sta(struct station *h)
```

```
{
    struct station *p1,*p2;
    p1=p2=(struct station*)malloc(sizeof(struct station));
    if(p2!=NULL)
    {
        scanf("%s",&p2->name);
        p2->nextSta=NULL;
    }
    while(p2->name[0]!='#')
    {
        num++;
        if(h==NULL)
            h=p2;
        else
            p1->nextSta=p2;
        p1=p2;
        p2=(struct station*)malloc(sizeof(struct station));
        if(p2!=NULL)
        {
        scanf("%s",&p2->name);
            p2->nextSta=NULL;
        }
    }
    return h;
}
void print_sta(struct station *h)
{
    struct station *temp;
    temp=h;
    while(temp!=NULL)
    {
        printf("%-s, ",temp->name);
        temp=temp->nextSta;
    }
}
```

运行结果（见图 9-3 ）：

图 9-3　例 9-4 运行结果

☺举一反三

【实验 9-4】 修改例 9-4 的程序，从键盘输入一个要加入的站点名，并将加入后的站点依次输出。

【实验 9-5】 修改例 9-4 的程序，再从键盘输入一个要删除的站点名，并将删除后的站点依次输出。

9.3.3　实验参考

【实验 9-3】 编写程序，从键盘输入一个矩形的左下角和右上角的坐标，输出该矩形的中心点坐标值，再输入任意一个点的坐标，判断该点是否在矩形内。

[分析]：略。

[N-S 流程图]：略。

C 源程序（文件名 sy9_3.c）：

```c
#include <stdio.h>
struct point
{
    int x;
    int y;
};
struct rect
{
    struct point pt1;
    struct point pt2;
};
struct point makepoint(int x,int y);
int ptin(struct point p,struct rect r);
main()
{
    int xd,yd,xu,yu,xm,ym,in;
    struct point middle,other;
    struct rect screen;
    printf("请输入左下角的坐标：(xd,yd):\n");
    scanf("%d%d",&xd,&yd);
    printf("请输入右上角的坐标：(xu,yu):\n");
    scanf("%d%d",&xu,&yu);
```

```
        screen.pt1=makepoint(xd,yd);
        screen.pt2=makepoint(xu,yu);
        xm=(screen.pt1.x+screen.pt2.x)/2;
        ym=(screen.pt1.y+screen.pt2.y)/2;
        middle=makepoint(xm,ym);
        printf("\n 矩形的中心点坐标为：(%d,%d)\n",middle.x,middle.y);
        printf("请输入任一点的坐标：(x,y):\n");
        scanf("%d%d",&other.x,&other.y);
        in=ptin(other,screen);
        if(in==1)
            printf("恭喜你!你输入的点在矩形内\n");
        else
            printf("对不起！你输入的点不在矩形内!\n");
}
struct point makepoint(int x,int y)
{
        struct point temp;
        temp.x=x;
        temp.y=y;
        return temp;
}
int ptin(struct point p,struct rect r)
{
        if((p.x>r.pt1.x) && (p.x<r.pt2.x) && (p.y>r.pt1.y) &&(p.y<r.pt2.y))
            return 1;
        else
            return 0;
}
```

运行结果（见图 9-4）：

图 9-4　实验 9-3 行结果

【实验 9-4】 修改例 9-4 的程序，从键盘输入一个要加入的站点名，并将加入后的站点依次输出。

[分析]：略。

[N-S 流程图]：略。

C 源程序（文件名 sy9_4.c）：

```c
#include <stdlib.h>
#include <stdio.h>
#include <conio.h>
#include <string.h>
struct station
{
    char name[8];
    struct station *nextSta;
};
struct station *creat_sta(struct station *h);
void print_sta(struct station *h);
struct station *add_sta(struct station *h,char *stradd, char *strafter);
int num=0;
main()
{
    struct station *head;
    char add_stas[30],after_stas[30];
    head=NULL;
    printf("请输入线路的站点名:\n");
    head=creat_sta(head); /* 建立站点线路的链表 */
    printf("--------------------------\n");
    printf("站点数为：%d\n",num);
    print_sta(head);        /* 输出站点信息 */
    printf("\n 请输入要增加的站点名：\n");
    scanf("%s",add_stas);
    printf("请输入要插在哪个站点的后面：");
    scanf("%s",after_stas);
    head=add_sta(head,add_stas,after_stas);
    printf("--------------------------\n");
    printf("增加站点后的站名为：\n");
    print_sta(head);     /* 将新增加的站点插入到链表中 */
    printf("\n");
}
/* 建立站点线路的链表： */
struct station *creat_sta(struct station *h)
{
    struct station *p1,*p2;
```

```
    p1=p2=(struct station*)malloc(sizeof(struct station));
    if(p2!=NULL)
    {
        scanf("%s",&p2->name);
        p2->nextSta=NULL;
    }
    while(p2->name[0]!='#')
    {
        num++;
        if(h==NULL)
            h=p2;
        else
            p1->nextSta=p2;
        p1=p2;
        p2=(struct station*)malloc(sizeof(struct station));
        if(p2!=NULL)
        {
        scanf("%s",&p2->name);
            p2->nextSta=NULL;
        }
    }
    return h;
}
/* 输出站点信息：  */
void print_sta(struct station *h)
{
    struct station *temp;
    temp=h;                      /*获取链表的头指针*/
    while(temp!=NULL)
    {
        printf("%-8s",temp->name);   /*输出链表结点的值*/
        temp=temp->nextSta;          /*移到下一个结点*/
    }
}
/* 将 stradd 所指的站点插入到链表 h 中的 strafter 站点的后面 */
struct station *add_sta(struct station *h,char *stradd, char *strafter)
{
    struct station *p1,*p2;
```

```
        p1=h;
        p2=(struct station*)malloc(sizeof(struct station));
        strcpy(p2->name,stradd);
        while(p1!=NULL)
        {
            if(!strcmp(p1->name,strafter))
            {
                p2->nextSta=p1->nextSta;
                p1->nextSta=p2;
                return h;
            }
            else
                p1=p1->nextSta;
        }
        return h;
    }
```

运行结果（见图 9-5）：

图 9-5　实验 9-4 运行结果

【实验 9-5】 修改例 9-4 的程序，再从键盘输入一个要删除的站点名，并将删除后的站点依次输出。

[分析]：略。

[N-S 流程图]：略。

C 源程序（文件名 sy9_5.c）：

```
#include <stdlib.h>
#include <stdio.h>
#include <conio.h>
#include <string.h>
struct station
{
    char name[8];
    struct station *nextSta;
};
```

```
struct station *creat_sta(struct station *h);
void print_sta(struct station *h);
struct station *del_sta(struct station *h,char *str);
int num=0;
main()
{
    struct station *head;
    char name[50],*del_stas=name;
    head=NULL;
    printf("请输入站名:\n");
    head=creat_sta(head);   /*  建立链表  */
    printf("--------------------------\n");
    printf("站点数为：%d\n",num);
    print_sta(head);         /*  输出链表中的站点信息  */
    printf("\n 请输入要删除的站名:\n");
    scanf("%s",name);
    head=del_sta(head,del_stas);   /*  删除链表中的一个站点  */
    printf("--------------------------\n");
    printf("新的站点为：\n");
    print_sta(head);   /*  输出删除站点后链表中的站点信息  */
    printf("\n");
}
/*  建立由各站点组成的链表  */
struct station *creat_sta(struct station *h)
{
    struct station *p1,*p2;
    p1=p2=(struct station*)malloc(sizeof(struct station));
    if(p2!=NULL)
    {
        scanf("%s",&p2->name);
        p2->nextSta=NULL;
    }
    while(p2->name[0]!='#')
    {
        num++;
        if(h==NULL)
            h=p2;
```

```
    else
        p1->nextSta=p2;
    p1=p2;
    p2=(struct station*)malloc(sizeof(struct station));
    if(p2!=NULL)
    {
    scanf("%s",&p2->name);
        p2->nextSta=NULL;
    }
    }
    return h;
}
/* 输出链表中的信息 */
void print_sta(struct station *h)
{
    struct station *temp;
    temp=h;                        /*获取链表的头指针*/
    while(temp!=NULL)
    {
        printf("%-8s",temp->name);      /*输出链表结点的值*/
        temp=temp->nextSta;             /*移到下一个结点*/
    }
}
/* 修改链表中指针的指向，删除的站点名为 str 所指的字符串*/
struct station *del_sta(struct station *h,char *str)
{
    struct station *p1,*p2;
    p1=h;
    if(p1==NULL)
    {
      printf("The list is null\n");
      return h;
    }
    p2=p1->nextSta;
    if(!strcmp(p1->name,str))
    {
      h=p2;
```

```
        return h;
    }
    while(p2!=NULL)
    {
        if(!strcmp(p2->name,str))
        {
            p1->nextSta=p2->nextSta;
            return h;
        }
        else
        {
            p1=p2;
            p2=p2->nextSta;
        }
    }
    return h;
}
```

运行结果（见图 9-6）：

图 9-6　实验 9-5 运行结果

9.4　共用体和枚举类型

9.4.1　实验目的

（1）理解共用体类型和枚举类型的概念，掌握它们的定义形式；

（2）掌握共用体类型变量的定义和变量成员的引用形式。

9.4.2　实验内容

【例 9-5】　了解共用体变量成员的值。

[分析]：略。

[N-S 流程图]：略。

C 源程序（文件名 li9_5.c）:

```c
#include <stdio.h>
union memb
{
        double v;
        int n;
        char c;
};
main()
{
        union memb tag;
        tag.n=18;
        tag.c='T';
        tag.v=36.7;
        printf("共用体变量 tag 成员的值为：\n");
        printf("tag.v=%6.2lf\ntag.n=%4d\ntag.c=%c\n",tag.v,tag.n,tag.c);
}
```

运行结果（见图 9-7）：

```
共用体变量tag成员的值为:
tag.v= 36.70
tag.n=-1717986918
tag.c=?
```

图 9-7　例 9-5 运行结果

☺举一反三

【实验 9-6】假设某班体育课测验包括两项内容：一项是 800 米跑，另一项男生是跳远，女生是仰卧起坐。跳远和仰卧起坐是不同的数据类型，跳远以实型米计成绩，而仰卧起坐是以整型个数计成绩。用共用体数据类型完成该班同学成绩的录入及显示。

【实验 9-7】编写程序，求解另 1 种变化的约瑟夫问题：由 n 个人围成一圈，对他们从 1 开始依次编号，现指定从第 m 个人开始报数，报到第 s 个数时，该人员出列，然后从下一个人开始报数，仍是报到第 s 个数时，人员出列，如此重复，直到所有人都出列，输出人员的出列顺序。

9.4.3　实验参考

【实验 9-6】假设某班体育课测验包括两项内容：一项是 800 米跑，另一项男生是跳远，女生是仰卧起坐。跳远和仰卧起坐是不同的数据类型，跳远以实型米计成绩，而仰卧起坐是以整型个数计成绩。用共用体数据类型完成该班同学成绩的录入及显示。

[分析]：略。

[N-S 流程图]：略。

C 源程序（文件名 sy9_6.c）：

```c
#include <stdio.h>
#include <string.h>
#define N 3
union score
{
    float jump;
    int situp;
};
struct stu
{
    char num[10];
    char sex;
    float run;
    union score a;
};
void input(struct stu *p)
{
    int i,y;
    float x;
    for (i=0;i<N;i++)
    {
        printf("input the num,sex,run:");
        scanf("%s%c%f",&p[i].num,&p[i].sex,&x);
        p[i].run=x;
        if(p[i].sex=='M')
        {
            printf("input the jump :");
            scanf("%f",&p[i].a.jump);
        }
        else if(p[i].sex=='F')
        {
            printf("input the situp:");
            scanf("%d",&y);
            p[i].a.situp=y;
        }
        else
        {
```

```
            printf("error ,please again!\n");
            i--;
        }
    }
}


void output(struct stu *p)
{
    int i;
    printf("Students in physical education record is:\n");
    printf("num    sex      run      jump       situp\n");
    for(i=0;i<N;i++)
    {
        printf("%s%c%5.2f",p[i].num,p[i].sex,p[i].run);
        if(p[i].sex=='M')
            printf("%f\n",p[i].a.jump);
        else if(p[i].sex=='F')
            printf("%d\n",p[i].a.situp);
    }
}
main()
{
    struct stu s[N];
    input(s);
    output(s);
}
```

运行结果:

Input the num,　 sex,　 run:101 M 3.4✓

Input the jump:2.6✓

Input the num,　 sex,　 run:102 F 5.2✓

Input the:36✓

Input the num,　 sex,　 run:103 F 4.5✓

Input the situp:45✓

Students in physical education record is :

num	sex	run	jump	situp
101	M	3.40	2.600000	
102	F	5.20		36
103	F	4.50		45

【**实验 9-7**】　编写程序，求解另 1 种变化的约瑟夫问题：由 n 个人围成一圈，对他们从 1 开始依次编号，现指定从第 m 个人开始报数，报到第 s 个数时，该人员出列，然后从下一个人开始报数，仍是报到第 s 个数时，人员出列，如此重复，直到所有人都出列，输出人员的出列顺序。

[分析]：略。

[N-S 流程图]：略。

C 源程序：（文件名：sy9-7.c）

```c
#include <stdio.h>
struct child
{
    int num;
    int next;
};
void OutQueue(int m,int n,int s,struct child ring[]);
void main()
{
    struct child ring[100];
    int i,n,m,s;
    printf("请输入人数 n(1～99): ");
    scanf("%d",&n);
    for(i=1;i<=n;i++)   /* 对人员编号*/
    {
        ring[i].num=i;
        if(i==n)
            ring[i].next=1;
        else
            ring[i].next=i+1;
    }
    printf("人员编号为：\n");   /* 输出人员编号*/
    for(i=1;i<=n;i++)
    {
        printf("%6d",ring[i].num);
        if(i%10==0)
            printf("\n");
    }
    printf("\n 请输入开始报数的编号 m(1～100): ");
    scanf("%d",&m);
    printf("报到第几个数出列 s(1～100)：");
    scanf("%d",&s);
```

```
    printf("出列顺序：\n");
    OutQueue(m,n,s,ring);
}
void OutQueue(int m,int n,int s,struct child ring[])
{
      int i,j,count;
      if(m==1)
         j=n;
      else
         j=m-1;
      for(count=1;count<=n;count++)
      {
         i=0;
         while(i!=s)
         {
               j=ring[j].next;
               if(ring[j].num!=0)
               i++;
         }
         printf("%6d",ring[j].num);
         ring[j].num=0;
         if(count%10==0)
             printf("\n");
      }
}
```

运行结果（见图 9-8）：

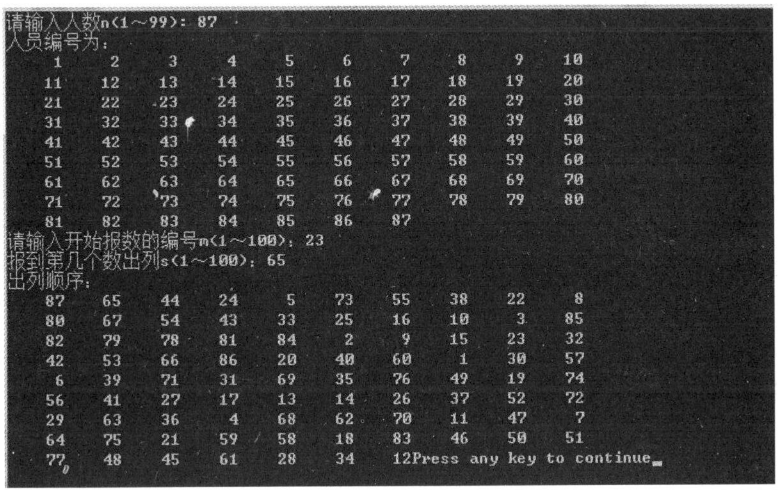

```
请输入人数n(1~99): 87
人员编号为:
     1     2     3     4     5     6     7     8     9    10
    11    12    13    14    15    16    17    18    19    20
    21    22    23    24    25    26    27    28    29    30
    31    32    33    34    35    36    37    38    39    40
    41    42    43    44    45    46    47    48    49    50
    51    52    53    54    55    56    57    58    59    60
    61    62    63    64    65    66    67    68    69    70
    71    72    73    74    75    76    77    78    79    80
    81    82    83    84    85    86    87
请输入开始报数的编号m(1~100): 23
报到第几个数出列s(1~100): 65
出列顺序:
    87    65    44    24     5    73    55    38    22     8
    80    67    54    43    33    25    16    10     3    85
    82    79    78    81    84     2     9    15    23    32
    42    53    66    86    20    40    60     1    30    57
     6    39    71    31    69    35    76    49    19    74
    56    41    27    17    13    14    26    37    52    72
    29    63    36     4    68    62    70    11    47     7
    64    75    21    59    58    18    83    46    50    51
    77    48    45    61    28    34    12Press any key to continue
```

图 9-8　实验 9-7 运行结果

9.5　教材习题答案

一、选择题

1~5：ACAAD　　　　6~10：DDDDC

二、填空题

1. 3，China

2. 2，England

3. 4E5S

三、改错题

1. 将 int y;m;d; 改为 int y,m,d;

   将 printf("%c,%d,%d",s.n,s.d,s.a); 改为

   　 printf("%s,%d,%d",s.n,s.b.d,s.a);

2. 将 int sum=0,aver; 改为 float sum=0,aver;

   将 return sum 改为 return aver

3. 将 struct ss *a 改为 struct ss *a，int n

   将 int i，n; 改为 int i;

   将 a[i-1]=a[i]; 改为 a[i]=a[i+1];

四、阅读题

1. 利用结构数组处理多个学生信息。给定若干个学生的信息，假设学生信息包括学号、姓名、3门课的成绩，计算每个学生的总分，并按要求进行输出。

2. 编程实现输入 5 个学生的学号、计算他们的期中成绩和期末成绩，然后计算其平均值。

3. 51，60，21

五、编程题

编写程序，实现功能：根据当天日期输出明天的日期。

C 源程序：（文件名：xt9_1.c）

```
#include <stdio.h>
struct date{
    int year;
    int month;
    int day;
};
//判断某年是否为闰年
bool isLeap(struct date d);
//返回某月的总天数
int numberOfDays(struct date d);
int main(int argc,char const *argv[])
{
    struct date today, tomorrow;
```

```
        printf("输入今天的日期:(year mm dd)");
        scanf("%i %i %i",&today.year,&today.month,&today.day);
        //如果当天不是本月的最后一天
        if(today.day != numberOfDays(today) ){
            tomorrow.day =    today.day + 1;
            tomorrow.month = today.month;
            tomorrow.year = today.year;
        }else if( today.month == 12 ){
            //如果当天是今年的最后一天
            tomorrow.day = 1;
            tomorrow.month = 1;
            tomorrow.year = today.year + 1;
        }else{
            tomorrow.day = 1;
            tomorrow.month = today.month + 1;
            tomorrow.year = today.year;
        }
        printf("明天的日期是: %i-%i-%i",tomorrow.year,tomorrow.month,tomorrow.day);
        return 0;
}
int numberOfDays(struct date d)
{
        int days;
        //每个月份的天数
        const int daysPerMonth[13] = {0,31,28,31,30,31,30,31,31,30,31,30,31};
        if( 2 == d.month    && isLeap(d) ){
            days = 29;
        }else{
            days = daysPerMonth[d.month];
        }
        return days;
}
bool isLeap(struct date d)
{
        bool leap = false;
        if( (d.year % 4 == 0 && d.year % 100 != 0) || d.year % 400 == 0 ){
            leap = true;
        }
        return leap;
}
```

运行结果（见图 9-9）：

图 9-9　习题 9-1 运行结果

2. 编程实现输入 3 个学生的学号，计算他们的期中和期末成绩，然后计算其平均成绩，并输出成绩表。

C 源程序：（文件名：xt9_2.c）

```c
#include <stdio.h>
int main()
{
    struct stud_str
    {
        char num[10];
        float score_mid;
        float score_final;
    }stu[3];

    float sum_mid = 0;
    float sum_final = 0;
    float ave_mid = 0;
    float ave_final = 0;
    int i = 0;
    for( i = 0;i < 3;i++ )
    {
        printf("plase input id:\n");
        scanf("%s",stu[i].num);
        printf("please input mid_exam score:\n");
        scanf("%f",&stu[i].score_mid);
        printf("please input final_exam score:\n");
        scanf("%f",&stu[i].score_final);
    }
    for(i = 0;i < 3;i++)
    {
        sum_mid += stu[i].score_mid;
        sum_final += stu[i].score_final;
    }
    ave_mid = sum_mid/3;
    ave_final = sum_final/3;
    printf("学号 期中分数 期末分数\t\n");
```

```
    for(i = 0;i < 3;i++)
    {
        printf("%s\t",stu[i].num);
        printf("%g\t",stu[i].score_mid);
        printf("%g\t",stu[i].score_final);
        printf("\n");
    }
    printf("期中平均分：%g\n",ave_mid);
    printf("期末平均分：%g\n",ave_final);
    return 0;
}
```

运行结果（见图 9-10）：

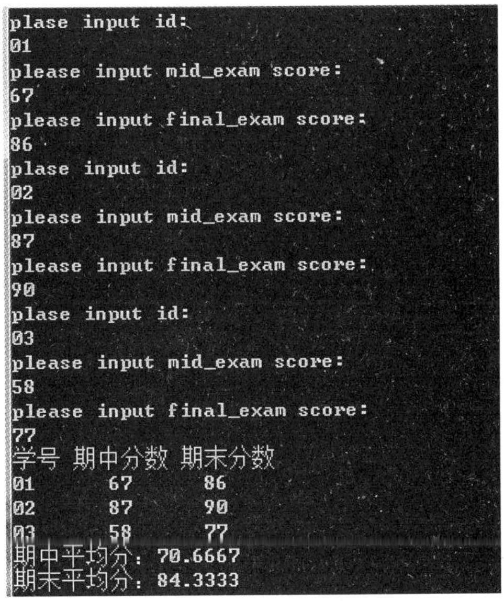

图 9-10   习题 9-2 运行结果

第 10 章　文　件

10.1　知识介绍

10.1.1　文件的定义

所谓"文件"是指一组相关数据的有序集合。这个数据集有一个名称，叫做文件名。实际上在前面的各章中我们已经多次使用了文件，例如源程序文件、目标文件、可执行文件、库文件（头文件）等。

文件通常是驻留在外部介质（如磁盘等）上的，在使用时才调入内存中来。从不同的角度可对文件做不同的分类。从用户的角度看，文件可分为普通文件和设备文件两种。

普通文件是指驻留在磁盘或其他外部介质上的一个有序数据集，可以是源文件、目标文件、可执行程序；也可以是一组待输入处理的原始数据，或者是一组输出的结果。源文件、目标文件、可执行程序可以称作程序文件，输入输出数据可称作数据文件。

设备文件是指与主机相联的各种外部设备，如显示器、打印机、键盘等。在操作系统中，把外部设备也看作是一个文件来进行管理，把它们的输入、输出等同于对磁盘文件的读和写。

通常把显示器定义为标准输出文件，一般情况下在屏幕上显示有关信息就是向标准输出文件输出。如前面经常使用的 printf, putchar 函数就是这类输出。

键盘通常被指定为标准的输入文件，从键盘上输入就意味着从标准输入文件上输入数据。scanf, getchar 函数就属于这类输入。

从文件编码的方式来看，文件可分为 ASCII 码文件和二进制码文件两种。ASCII 文件也称为文本文件，这种文件在磁盘中存放时每个字符对应一个字节，用于存放对应的 ASCII 码。

10.1.2　文件指针

在 C 语言中用一个指针变量指向一个文件，这个指针称为文件指针。通过文件指针就可以对它所指的文件进行各种操作。

定义说明文件指针的一般形式为：

FILE *指针变量标识符；

其中 FILE 应为大写，它实际上是由系统定义的一个结构，该结构中含有文件名、文件状态和文件当前位置等信息。在编写源程序时不必关心 FILE 结构的细节。

例如：

FILE *fp；

表示 fp 是指向 FILE 结构的指针变量，通过 fp 即可找到存放某个文件信息的结构变量，然后按结构变量提供的信息找到该文件，实施对文件的操作。习惯上也笼统地把 fp 称为指向一个文件的指针。

10.1.3 文件的打开

fopen 函数用来打开一个文件，其调用的一般形式为：

文件指针名=fopen（文件名，使用文件方式）；

其中：

"文件指针名"必须是被说明为 FILE 类型的指针变量；

"文件名"是被打开文件的文件名；

"使用文件方式"是指文件的类型和操作要求。

"文件名"是字符串常量或字符串数组。

10.1.4 文件的关闭

文件一旦使用完毕，应用关闭文件函数把文件关闭，以避免文件的数据丢失等错误。

fclose 函数调用的一般形式是：

fclose（文件指针）；

例如：

fclose（fp）；

正常完成关闭文件操作时，fclose 函数返回值为 0。如返回非零值则表示有错误发生。

10.1.5 文件的顺序读写

对文件的读和写是最常用的文件操作。在 C 语言中提供了多种文件读写的函数：

（1）字符读写函数：fgetc 和 fputc；

（2）字符串读写函数：fgets 和 fputs；

（3）数据块读写函数：fread 和 fwrite；

（4）格式化读写函数：fscanf 和 fprinf。

10.1.6 文件的随机读写

前面介绍的对文件的读写方式都是顺序读写，即读写文件只能从头开始，顺序读写各个数据。但在实际问题中常要求只读写文件中某一指定的部分。为了解决这个问题，可移动文件内部的位置指针到需要读写的位置，再进行读写，这种读写称为随机读写。

实现随机读写的关键是要按要求移动位置指针，这称为文件的定位。移动文件内部位置指针的函数主要有两个，即 rewind 函数和 fseek 函数。

rewind 函数前面已多次使用过，其调用形式为：

rewind（文件指针）；

它的功能是把文件内部的位置指针移到文件首。

下面主要介绍 fseek 函数。

fseek 函数用来移动文件内部位置指针，其调用形式为：

fseek（文件指针，位移量，起始点）；

其中：

（1）文件指针指向被移动的文件。

（2）位移量表示移动的字节数，要求位移量是 long 型数据，以便在文件长度大于 64KB 时不会出错。当用常量表示位移量时，要求加后缀"L"。

（3）起始点表示从何处开始计算位移量，规定的起始点有三种：文件首、当前位置和文件尾。

10.1.7　文件检测函数

C 语言中常用的文件检测函数有以下几个。

（1）文件结束检测函数 feof 函数。

调用格式：

feof（文件指针）;

功能：判断文件是否处于文件结束位置，如文件结束，则返回值为 1，否则为 0。

（2）读写文件出错检测函数。

ferror 函数调用格式：

ferror（文件指针）;

功能：检查文件在用各种输入输出函数进行读写时是否出错。若 ferror 返回值为 0，则表示未出错，否则表示有错。

（3）文件出错标志和文件结束标志置 0 函数。

clearerr 函数调用格式：

clearerr（文件指针）;

功能：本函数用于清除出错标志和文件结束标志，使它们为 0 值。

10.2　文件的基本操作

10.2.1　实验目的

（1）掌握文件的基本概念；

（2）掌握文件的打开、关闭、读、写等文件操作函数；

（3）了解将不同数据读入或读出文件的方法。

10.2.2　实验内容

【**例 10-1**】先以只写方式打开文件"out99.dat"，再把字符串 str 中的字符保存到这个磁盘文件中。

[分析]：首先定义一个文件指针变量，并以写方式打开指定的文件。通过循环，反复从字符串 str 中读取字符，将读取的字符用 fputc 函数逐个写入到文件中，并使用 putchar 函数将字符输出到屏幕。

[N-S 流程图]：略。

C 源程序（文件名 li10_1.c）：

```c
#include <stdlib.h>
#include <stdio.h>
#include <conio.h>
#define N 80
void main()
{
    FILE *fp;
    int i=0;
    char ch;
    char str[N]="I'm a student!";
    system("CLS");
    if((fp=fopen("out99.dat","w"))==NULL)
    {
        printf("cannot open out99.dat\n");
        exit(0);
    }
    while (str[i])
    {
        ch=str[i];
        fputc(ch,fp);
        putchar(ch);
        i++;
    }
    fclose(fp);
}
```

运行结果：

I'm a student!

调试：

（1）注意定义变量、函数的初始化：防止在程序当中使用未被赋值的变量或其他错误。

（2）注意输入文件名是否正确。

（3）注意程序的阅读的清晰性。

☺举一反三

【实验 10-1】 根据提示从键盘输入一个存在的文本文件的完整的文件名，再输入另一个已存在的文本文件的完整文件名，然后将源文件文本的内容追加到目的文本文件的原内容之后，并在程序运行过程中显示源文件和目的文件中的文件内容，以此来验证程序执行结果。

【例 10-2】 从键盘上输入若干字符，逐个送入到磁盘文件中，直到输入一个"#"号为止。

[分析]: 首先定义一个文件指针变量，并以写方式打开指定的磁盘文件。通过 while 循环，

反复从键盘读取字符，直到遇到"#"字符为止，将读取的字符用 fputc 函数逐个写入到文件中，并使用 putchar 函数将字符输出到屏幕。

[N-S 流程图]：略。

C 源程序（文件名 li10_2.c）：

```c
#include <stdio.h>
#include <stdlib.h>
main()
{
    FILE *fp;
    char ch,filename[10];
    printf("Input the filename please：\n");
    scanf("%s",filename);
    if((fp=fopen(filename, "w"))==NULL)
    {
        printf("cannot open file\n");
    exit(0);
    }
    printf("Input the content please：\n");
    ch=getchar();
    while(ch!='#')
    {
        fputc(ch,fp);
        putchar(ch);
        ch=getchar();
    }
    putchar('\n');
    fclose(fp);
}
```

运行结果（见图 10-1）：

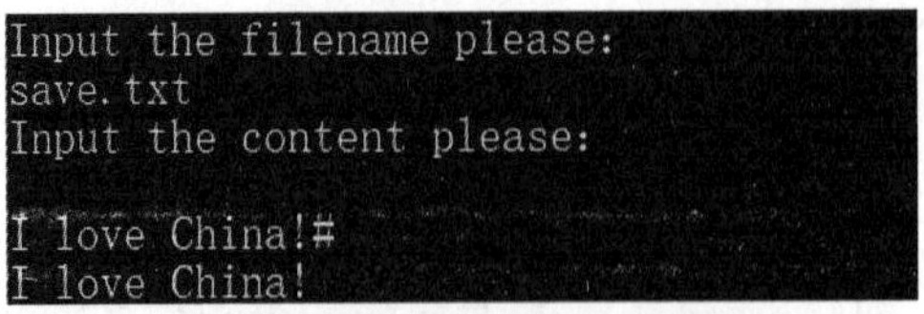

图 10-1　例 10-2 运行结果

调试：

（1）注意定义变量初始化，函数声明：防止在程序当中使用未被赋值的变量。

（2）注意输入文件名是否存在。

（3）注意程序的阅读的清晰性。

☺举一反三

【实验 10-2】 从键盘输入若干行字符，将每行字符的内容写入磁盘文件 file.txt 中，如果当前行输入的内容为空，则终止输入。

【实验 10-3】 实现对磁盘文件上十个教师数据中的第 1，3，5，7，9 个教师数据显示出来。教师数据包括：姓名，工号，年龄以及性别。

【实验 10-4】 从键盘上输入整数序列，并按从小到大的顺序写到指定文件，然后再从文件中依次读出并显示在屏幕上，显示时要求每行显示 5 个整型数据。

【实验 10-5】 根据提示从键盘输入一个存在的文本文件的完整的文件名，再输入另一个已存在的文本文件的完整文件名，然后将源文件文本的内容追加到目的文本文件的原内容之后，并在程序运行过程中显示源文件和目的文件中的文件内容，以此来验证程序执行结果。

10.2.3　实验参考

【实验 10-1】 根据提示从键盘输入一个存在的文本文件的完整的文件名，再输入另一个已存在的文本文件的完整文件名，然后将源文件文本的内容追加到目的文本文件的原内容之后，并在程序运行过程中显示源文件和目的文件中的文件内容，以此来验证程序执行结果。

[分析]：首先要定义两个文件名：一个是读出数据已经存在的源文件，文件打开的方式是 "r"；另一个是写入程序的目标文件，文件打开的方式 "w"。因为需要追加，就需要定义一追加函数，把源文件中内容复制并追加到目的文件中。同时还需要一个显示函数，将结果进行显示。首先对定义的两个功能函数进行声明。然后定义两个文件指针变量，分别以读和写方式打开两个指定的文件。之后用显示函数显示文件内容，返回 0 表示显示成功，返回 1 表示显示失败；再通过定义的追加函数判断是否追加成功，返回 0 表示成功，返回 1 表示失败。

[N-S 流程图]：略。

C 源程序（文件名 sy10_1.c）：

```c
#include <stdio.h>
#define MAXLEN 80
int AppendFile(const char* srcName, const char* dstName);
int DisplayFile(const char* srcName);
int main(void)
{
  char srcFilename[MAXLEN];
  char dstFilename[MAXLEN];
  printf("Input source filename:");
  scanf("%s", srcFilename);
  printf("Input destination filename:");
  scanf("%s", dstFilename);
  if(!DisplayFile(srcFilename))
    perror("Dispaly source file failed");
```

```
    if(!DisplayFile(dstFilename))
      perror("Dispaly destination file failed");
    if (AppendFile(srcFilename, dstFilename))
        {
         printf("Append succeed.\n");
         DisplayFile(dstFilename);
        }
    else
        {
         perror("Append failed");
        }
    return 0;
    }
    /*函数功能：把 scrName 文件内容复制给 dstName，返回 0 表示复制成功，否则表示出
错*/
    int AppendFile(const char *srcName, const char *dstName)
    {
        FILE *fpSrc = NULL;
        FILE *fpDst = NULL;
        int ch, rval = 1;
      if ((fpSrc = fopen(srcName,"r"))==NULL)
          goto ERROR;
    if ((fpDst = fopen(dstName,"w"))==NULL)
          goto ERROR;
    /*文件追加*/
    while ((ch = fgetc(fpSrc)) !=EOF)
    {
      if (fputc(ch, fpDst) == EOF)
        goto ERROR;
    }
    fflush(fpDst);
    goto EXIT;
    ERROR:
        rval = 0;
    EXIT:
        if (fpSrc != NULL)
          fclose(fpSrc);
        if (fpDst != NULL)
          fclose(fpDst);
```

```
  return rval;
}
/*函数功能：显示 scrName 文件内容，返回 0 值表示显示成功，否则表示出错*/
int DisplayFile(const char *srcName)
{
  FILE *fpSrc = NULL;
  int ch, rval = 1;
  if ((fpSrc = fopen(srcName,"r"))==NULL)
      goto ERROR;
  printf("File %s content:\n", srcName);
  whilc ((ch = fgctc(fpSrc)) !=EOF)
{
  if (fputc(ch, stdout) == EOF)
    goto ERROR;
}
  printf("\n");
  goto EXIT;
  ERROR:
    rval = 0;
EXIT:
    if (fpSrc != NULL)     fclose(fpSrc);
return rval;
}
```
运行结果（见图 10-2）：

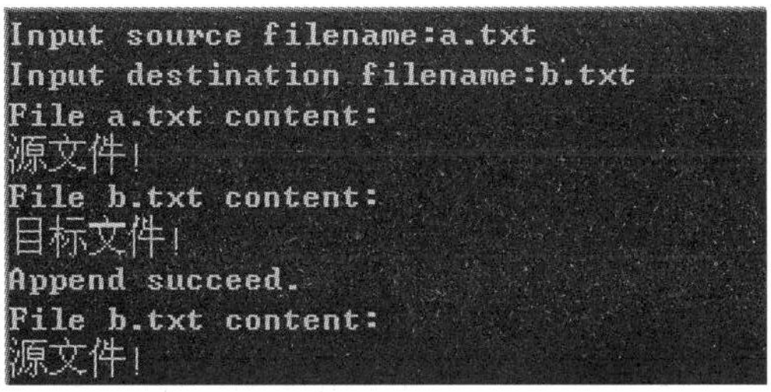

图 10-2　实验 10-1 运行结果

【实验 10-2】从键盘输入若干行字符，将每行字符的内容写入磁盘文件 file.txt 中，如果当前行输入的内容为空，则终止输入。

[分析]：首先定义一个文件指针变量 fp，并以写方式打开文件 file.txt。通过循环，反复从键盘读取字符串，每个字符串结束的标志就是回车键，如果该字符串的长度大于 0，则将读取的字符用 fputs 函数写入到文件中，写完后在文件中另起一行；如果该字符串的长度等于 0，则终止输入，程序结束。

[N-S 流程图]：略。

C 源程序（文件名 sy10_2.c）：

```c
#include <stdio.h>
#include <stdlib.h>
#include <string.h>
main()
{
    FILE *fp;
    char str[81];
    if((fp=fopen("file.txt","w"))==NULL)
    {   printf("Cannot open file\n");
        exit(0);
}
while(strlen(gets(str))>0)          /*键盘上读入一行字符送 str*/
{    fputs(str,fp);                 /*若该字符串非空，送入 file.txt*/
fputs("\n",fp);
}
fclose(fp);
}
```

运行结果（见图 10-3）：

I love you!

图 10-3　实验 10-2 运行结果

注：该程序在屏幕上没有输出内容，其正常运行的结果是将键盘输入的字符按行写入 file.txt 文件，假设输入三行字符串，则文件中写入同样的三行字符串。

【实验 10-3】　实现对磁盘文件上十个教师数据中的第 1，3，5，7，9 个教师数据显示出来。教师数据包括：姓名，工号，年龄以及性别。

[分析]：首先要定义两个文件名：一个是读出数据的已经存在的源文件，文件打开的方式是"r"；另一个是写入程序的目标文件，文件打开的方式"w"。因为需要追加，就需要定义一追加函数，把源文件中内容复制并追加到目的文件中。程序首先定义两个文件指针变量，分别以读和写方式打开两个指定的文件。然后通过定义的追加函数判断是否追加成功，返回 0 表示成功，否则表示失败。

[N-S 流程图]：略。

C 源程序（文件名 sy10_3.c）：

```c
#include <stdio.h>
```

```
#include <stdlib.h>
struct teacher
{    char name[10];
     int num;
     int age;
     char sex;
}teach[10];
main()
{    int i;
     FILE *fp;
     if((fp=fopen("teacher.dat","rb"))==NULL)
{    printf("Cannot open file\n");
     exit(0);
}
for(i=0;i<10;i+=2)
{    fseek(fp,i*sizeof(struct teacher),0);
     fread(&teach[i],sizeof(struct teacher),1,fp);
     printf("%s%d%d%c\n", teach[i].name, teach[i].num, teach[i].age, teach[i].sex);
}
fclose(fp);
}
```

本程序输出的结果与 teacher.dat 的内容相关，teacher.dat 应该按照程序代码中给出的结构存储数据，则可以根据存储的内容给出相应的输出。

【实验 10-4】 从键盘上输入整数序列，并按从小到大的顺序写到指定文件，然后再从文件中依次读出并显示在屏幕上，显示时要求每行显示 5 个整型数据。

[分析]：将输入的整数序列按从小到大的顺序写到指定文件，这要进行排序处理。程序首先可以考虑设置一个整型数组，用于存放从键盘上输入的每个整数，然后对这个整数数组进行排序，最后将所有序数组写到指定文件就可以了。

[N-S 流程图]：略。

C 源程序（文件名 sy10_4.c）：

```
#include<stdio.h>
#define N 1000
void main()
{
     FILE *fp;
```

```
    int i,j,count,a[N];
        char fname[40];
        printf("输入文件名: ");
        gets(fname);
        if((fp=fopen(fname,"w+"))==NULL)
        {                                    /*以读、写方式打开文件*/
            printf("不能打开文件 %s\n",fname);
            scanf("%*c");
            return;
        }
        count=0;
        printf("请输入要写到文件 %s 整型数据(按 end 结束):\n",fname);
        while(scanf("%d",&a[count++])==1);
        count--;
    /*对整数组 a 排序*/
    for(i=0;i<count;i++)
            for(j=i+1;j<count;j++)
                if(a[i]>a[j])
                        {int temp=a[i];a[i]=a[j];a[j]=temp;}/*a[i]与 a[j]交换*/
    /*将整型数组 a 写到指定文件*/
    for(i=0; i<count; i++)
            fprintf(fp,"%d\t",a[i]);
    rewind(fp);
    /*从文件依次读出数据，每行显示 5 个整型数*/
    count=1;
    printf("\n   从文件 %s 读出的数据如下:\n",fname);
    while(fscanf(fp,"%d",&i)==1)
    {        /*能正确读出一个数*/
            printf("\t%d",i);count++;
            if(count++%5==0) printf("\n");
    }
    printf("\n");
    fclose(fp);
}
```

运行结果 1（见图 10-4）：

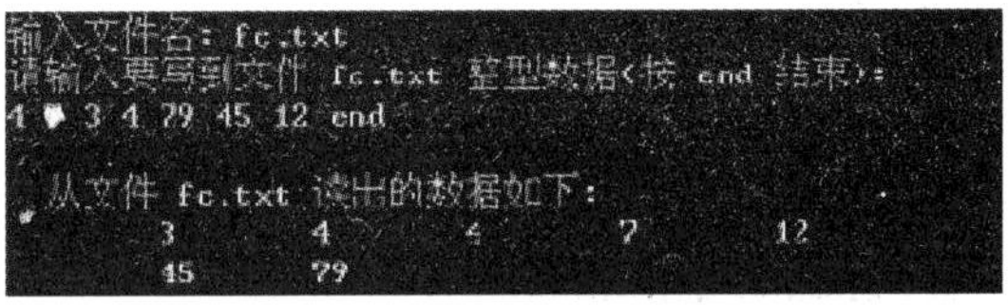

图 10-4 实验 10-4 运行结果 1

运行结果 2（见图 10-5）：

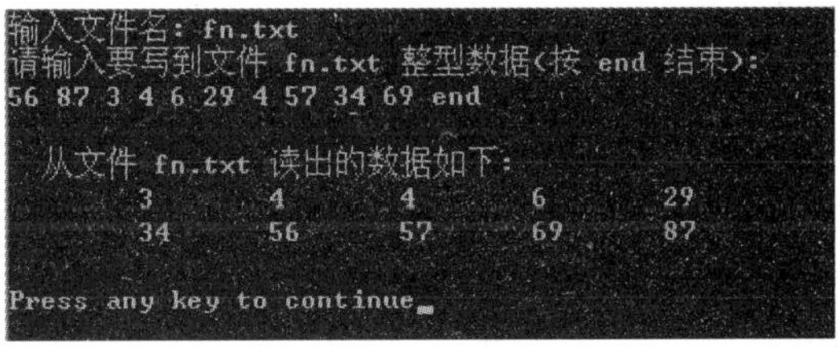

图 10-5 实验 10-4 运行结果 2

【**实验 10-5**】根据提示从键盘输入一个存在的文本文件的完整的文件名，再输入另一个已存在的文本文件的完整文件名，然后将源文件文本的内容追加到目的文本文件的原内容之后，并在程序运行过程中显示源文件和目的文件中的文件内容，以此来验证程序执行结果。

[分析]：首先要定义两个文件名：一个是读出数据的已经存在的源文件，文件打开的方式是"r"；另一个是写入程序的目标文件，文件打开的方式"w"。因为需要追加，就需要定义一追加函数，把源文件中内容复制并追加到目的文件中。同时还需要一个显示函数，将结果进行显示。首先对定义的两个功能函数进行声明。然后定义两个文件指针变量，分别以读和写方式打开两个指定的文件。之后用显示函数显示文件内容，返回 0 表示显示成功，返回 1 表示显示失败；再通过定义的追加函数判断是否追加成功，返回 0 表示成功，返回 1 表示失败。

C 源程序：（文件名：sysk10-1-1.c）

```c
#include <stdio.h>
#define MAXLEN 80
int AppendFile(const char* srcName, const char* dstName);
int DisplayFile(const char* srcName);
void main()
{
    char srcFilename[MAXLEN];
    char dstFilename[MAXLEN];
    printf("Input source filename:");
    scanf("%s", srcFilename);
    printf("Input destination filename:");
    scanf("%s", dstFilename);
    if(!DisplayFile(srcFilename))
```

```
            perror("Dispaly source file failed");
        if(!DisplayFile(dstFilename))
            perror("Dispaly destination file failed");
        if (AppendFile(srcFilename, dstFilename))
        {
            printf("Append succeed.\n");
            DisplayFile(dstFilename);
        }
        else
        {
            perror("Append failed");
        }
}
/*函数功能：把 scrName 文件内容复制给 dstName，返回 0 表示复制成功，否则表示出错*/
int AppendFile(const char *srcName, const char *dstName)
{
    FILE *fpSrc = NULL;
    FILE *fpDst = NULL;
    int ch, rval = 1;
    if ((fpSrc = fopen(srcName,"r"))==NULL)
        goto ERROR;
    if ((fpDst = fopen(dstName,"w"))==NULL)
        goto ERROR;
    /*文件追加*/
    while ((ch = fgetc(fpSrc)) !=EOF)
    {
        if (fputc(ch, fpDst) == EOF)
            goto ERROR;
    }
    fflush(fpDst);
    goto EXIT;
ERROR:
    rval = 0;
EXIT:
    if (fpSrc != NULL)
        fclose(fpSrc);
    if (fpDst != NULL)
        fclose(fpDst);
```

```
        return rval;
}
/*函数功能：显示 scrName 文件内容，返回 0 值表示显示成功，否则表示出错*/
int DisplayFile(const char *srcName)
{
    FILE *fpSrc = NULL;
    int ch, rval = 1;
    if ((fpSrc = fopen(srcName,"r"))==NULL)
        goto ERROR;
    printf("File %s content:\n", srcName);
    while ((ch = fgetc(fpSrc)) !=EOF)
    {
        if(fputc(ch, stdout) == EOF)
            goto ERROR;
    }
    printf("\n");
    goto EXIT;
    ERROR:
        rval = 0;
    EXIT:
        if (fpSrc != NULL)
            fclose(fpSrc);
    return rval;
}
```

假设文件 a.txt 内容为：
　　源文件的内容！
文件 b.txt 内容为：
　　目标文件内容！
运行结果 1（见图 10-6）：（a.txt 文件存在）

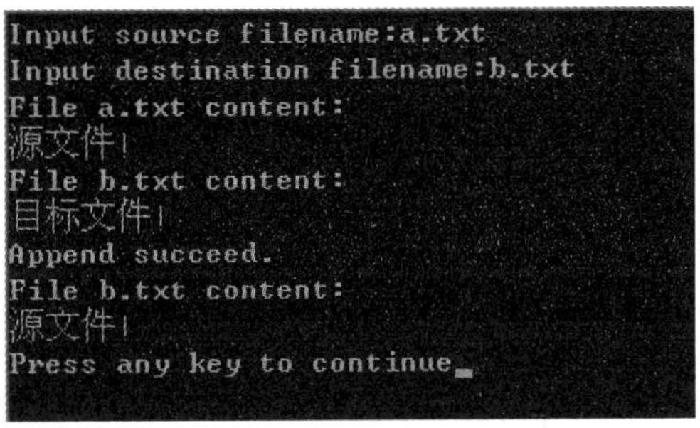

图 10-6 实验 10-5 运行结果 1

运行结果 2（见图 10-7）：（a.txt 文件不存在）

```
Input source filename:a.txt
Input destination filename:b.txt
Dispaly source file failed: No such file or directory
File b.txt content:
目标文件!
Append failed: No such file or directory
Press any key to continue
```

图 10-7　实验 10-5 运行结果 2

10.3　教材习题答案

一、选择题

1 ~ 5：ABBDC　　　　6 ~ 10：ADBCB

二、填空题

1. 出错

2. 把位置指针从当前位置向文件尾移动 100 个字节。

3. 打开

4. 键盘

5. 0

三、编程题

1. 把文本文件 B 中的内容追加到文本文件 A 的内容之后。例如，文件 B 的内容为"I'm ten."，文件 A 的内容为"I'm a student! "，追加之后文件 A 的内容为"I'm a student ! I'm ten."

[分析]：先以 "r" 的方式分别打开文件 A 和 B，并将内容输出到屏幕，此时可以查看文件 A 和 B 的内容，关闭文件 A 和 B。再以 "a" 的方式打开文件 A，以 "r" 的方式打开文件 B，将文件 B 的内容逐个读出并写入文件 A 的末尾。最后输出文件 A 的内容。

C 源程序：（文件名：xt10_1.c）

```c
#include<stdlib.h>
#include<stdio.h>
#include<conio.h>
#define N 80
void main()
{
    FILE *fp,*fp1,*fp2;
    int i;
    char c[N],ch;
    system("CLS");
    if((fp=fopen("A.dat","r"))==NULL)
    {
        printf("file A cannot be opened\n");
```

```
        exit(0);
        }
        printf("\n A contents are : \n\n");
        for(i=0;(ch=fgetc(fp))!=EOF;i++)
        {
            c[i]=ch;
            putchar(c[i]);
        }
        fclose(fp);
        if((fp=fopen("B.dat","r"))==NULL)
        {
            printf("file B cannot be opened\n");
            exit(0);
        }
        printf("\n\n\nB contents are : \n\n");
        for(i=0;(ch=fgetc(fp))!=EOF;i++)
        {
            c[i]=ch;
            putchar(c[i]);
        }
        fclose(fp);
        if((fp1=fopen("A.dat","a")) && (fp2=fopen("B.dat","r")))
        {
            while((ch=fgetc(fp2))!=EOF)
                fputc(ch,fp1);
        }
        else
        {
            printf("Can not open A B !\n");
        }
        fclose(fp2);
        fclose(fp1);
        printf("\n***new A contents***\n\n");
        if((fp=fopen("A.dat","r"))==NULL)
        {
            printf("file A cannot be opened\n");
            exit(0);
        }
        for(i=0;(ch=fgetc(fp))!=EOF;i++)
```

```
    {
        c[i]=ch;
        putchar(c[i]);
    }
    fclose(fp);
}
```

运行结果：

A contents are：

I'm a student！

B contents are：

I'm ten.

new A contents

I'm a student！I'm ten.

参考文献

[1] 刘开南，尹萍，刘小飞. C 语言程序设计实践教程. 北京：北京师范大学出版社，2020.

[2] 苏小红，赵玲玲，郑贵滨. 程序设计实践教程：C 语言版. 北京：机械工业出版社，2020.

[3] 高洪皓. 程序设计基础（C 语言）实践教程. 北京：电子工业出版社，2021.

[4] 杨宏霞. C 语言程序设计实践教程. 北京：清华大学出版社，2021.

[5] 李红，陆建友. C 语言程序设计实例教程. 第 3 版. 北京：机械工业出版社，2021.